U0176434

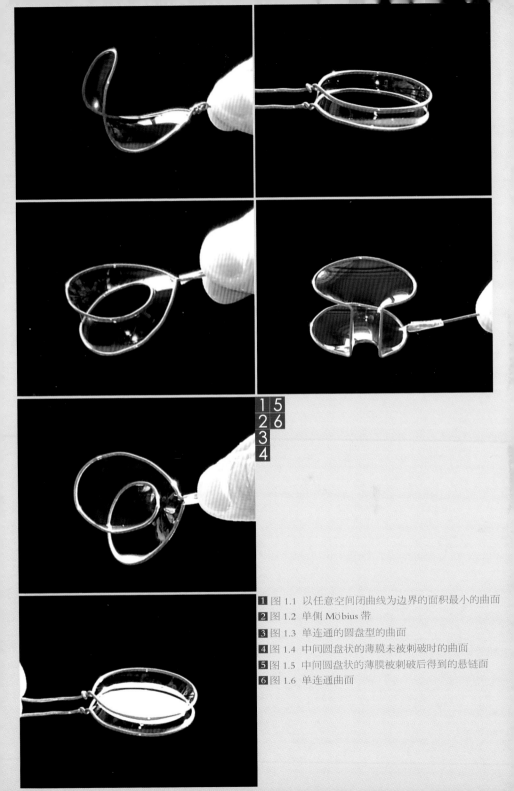

1 图 1.1 以任意空间闭曲线为边界的面积最小的曲面
2 图 1.2 单侧 Möbius 带
3 图 1.3 单连通的圆盘型的曲面
4 图 1.4 中间圆盘状的薄膜未被刺破时的曲面
5 图 1.5 中间圆盘状的薄膜被刺破后得到的悬链面
6 图 1.6 单连通曲面

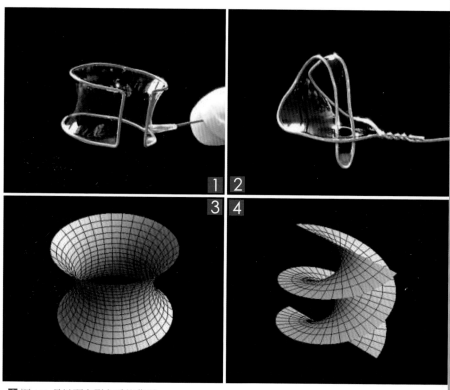

1 图 1.7 悬链面变形之后的曲面
2 图 1.9 有自交现象发生的曲面
3 图 2.3 悬链面
4 图 2.4 正螺旋面

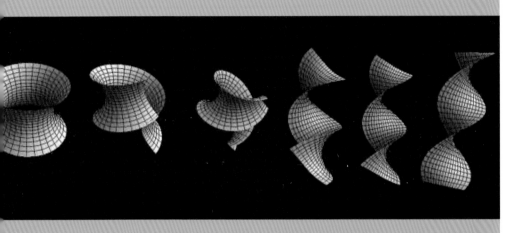

图 7.1 从悬链面到正螺旋面的等距变形过程

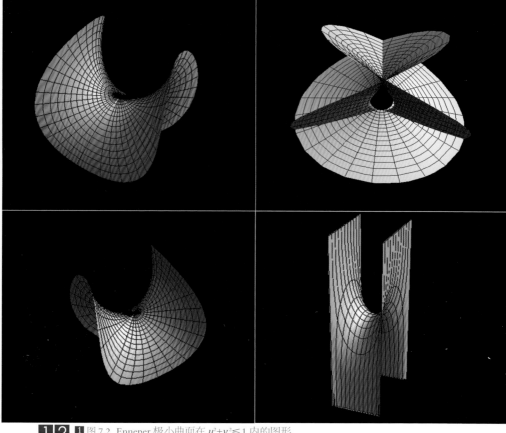

1 2 ■ 图 7.2 Enneper 极小曲面在 $u^2+v^2 \leqslant 1$ 内的图形
3 4 ■ 图 7.3 Enneper 极小曲面在 $u^2+v^2 \geqslant 3$ 内的图形
■ 图 7.4 Enneper 曲面的共轭极小曲面在 $u^2+v^2 \leqslant 1$ 内的图形
■ 图 7.5 Scherk 极小曲面
5 ■ 图 8.3 圆盘型极小曲面

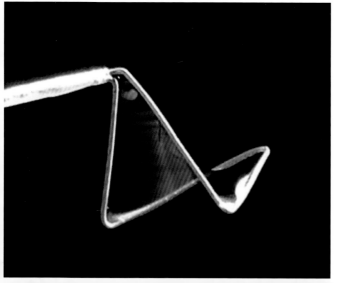

SCIENCE & HUMANITIES

走向数学丛书

冯克勤／主编

走向数学

极小曲面

MINIMAL SURFACES

陈维桓

著

大连理工大学出版社

图书在版编目(CIP)数据

极小曲面 / 陈维桓著. -- 大连:大连理工大学出版社,2023.1

(走向数学丛书 / 冯克勤主编)

ISBN 978-7-5685-4124-4

Ⅰ. ①极… Ⅱ. ①陈… Ⅲ. ①极小曲面 Ⅳ. ①O176.1

中国国家版本馆 CIP 数据核字(2023)第 003598 号

极小曲面
JIXIAO QUMIAN

大连理工大学出版社出版

地址:大连市软件园路 80 号 邮政编码:116023
发行:0411-84708842 邮购:0411-84708943 传真:0411-84701466
E-mail:dutp@dutp.cn URL:https://www.dutp.cn
辽宁新华印务有限公司印刷 大连理工大学出版社发行

幅面尺寸:147mm×210mm 印张:6.125 插页:2 字数:132 千字
2023 年 1 月第 1 版 2023 年 1 月第 1 次印刷

责任编辑:王 伟 责任校对:李宏艳
封面设计:冀贵收

ISBN 978-7-5685-4124-4 定 价:69.00 元

"走向数学"丛书

陈省身题

科技强国、数学为本

吴文俊

2010.1.10

SCIENCE & HUMANITIES

走向数学丛书

编 写 委 员 会

丛书主编 冯克勤

丛书顾问 王　元

委　　员（按汉语拼音排序）
巩馥洲　李文林　刘新彦
孟实华　许忠勤　于　波

续编说明

自从 1991 年"走向数学"丛书出版以来,已经出版了三辑,颇受我国读者的欢迎,成为我国数学传播与普及著作的一个品牌. 我想,取得这样可喜的成绩主要原因是:中国数学家的支持,大家在百忙中抽出宝贵时间来撰写此丛书;天元基金的支持;与湖南教育出版社出色的出版工作.

但由于我国毕竟还不是数学强国,很多重要的数学领域尚属空缺,所以暂停些年不出版亦属正常. 另外,有一段时间来考验一下已经出版的书,也是必要的. 看来考验后是及格了.

中国数学界屡屡发出继续出版这套丛书的呼声. 大连理工大学出版社热心于继续出版;世界科学出版社(新加坡)愿意出某些书的英文版;湖南教育出版社也乐成其事,尽量帮忙. 总之,大家愿意为中国数学的普及工作尽心尽力. 在这样的大好形势下,"走向数学"丛书组成了以冯克勤教授为主编的编委会,领导继续出版工作,这实在是一件大好事.

首先要挑选修订、重印一批已出版的书;继续组稿新书;由于我国的数学水平距国际先进水平尚有距离,我们的作者应面向全世界,甚至翻译一些优秀著作.

我相信在新的编委会的领导下,丛书必有一番新气象.

我预祝丛书取得更大成功.

王 元

2010 年 5 月于北京

编写说明

从力学、物理学、天文学，直到化学、生物学、经济学与工程技术，无不用到数学．一个人从入小学到大学毕业的十六年中，有十三四年有数学课．可见数学之重要与其应用之广泛．

但提起数学，不少人仍觉得头痛，难以入门，甚至望而生畏．我以为要克服这个鸿沟还是有可能的．近代数学难于接触，原因之一大概是其符号、语言与概念陌生，兼之近代数学的高度抽象与概括，难于了解与掌握．我想，如果知道讨论对象的具体背景，则有可能掌握其实质．显然，一个非数学专业出身的人，要把数学专业的教科书都自修一遍，这在时间与精力上都不易做到．若停留在初等数学水平上，哪怕做了很多难题，似亦不会有助于对近代数学的了解．这就促使我们设想出一套"走向数学"小丛书，其中每本小册子尽量用深入浅出的语言来讲述数学的某一问题或方面，使工程技术人员、非数学专业的大学生,甚至具有中学数学水平的人,亦能懂得书中全部或部分含义与内容.这对提高我国人民的数学修养与水平,可能会起些作用.显然,要将一门数学深入浅出地讲出来,绝非易事.首先要对这门数学有深入的研究与透彻的了解.从整体上说,我国的数学水平还不高,能否较好地完成这一任务还难说.但我了解很多数学家的积极性很高,他们愿意为"走向数学"丛书撰稿.这很值得高兴与欢迎.

承蒙国家自然科学基金委员会、中国数学会数学传播委员会与湖南教育出版社的支持,得以出版这套"走向数学"丛书,谨致以感谢.

王 元

1990 年于北京

作者前记

自从 Euler 研究面积最小的旋转面以及 Lagrange 首次导出极小曲面方程以来,极小曲面论题已经历了二百多年的发展,然而它的诱人的魅力仍没有减退,反而更加光彩夺目地吸引着众多数学家的注意.在它的发展过程中,不断地出现富有挑战性的问题.例如:以给定曲线为边界的极小曲面的存在性问题(Plateau 问题)、多解性;极小曲面方程的通解(Weierstrass 公式)及其应用;极小曲面的稳定性;完备嵌入极小曲面的新例子、拓扑结构和性质;极小曲面的概念在高维情形及一般的外围空间中的推广;等等.这些问题的提出和解决,不断地深化极小曲面的理论,极大地丰富了微分几何的内容,而且促进了相关学科(如变分法、临界点理论、偏微分方程边值问题、复分析、几何测度论、拓扑学等)的发展.极小曲面理论还与计算机技术结下了不解之缘,推动了计算机图形系统的发展及其在纯粹数学研究中的应用. 当然, 目前对微分几何的研究不是只集中在极小"曲面"身上, 而且关注极小子流形以及作为极小曲面概念推广的常平均曲率曲面等其他的子流形理论, 但是极小曲面本身始终是研究的热点.

本书的目的是介绍 3 维欧氏空间中极小曲面的概念、典型例子和性质, 以及一些基本问题和进展. 我们假定具备初等微积分知识的读者, 能够读懂本书的大部分, 因此我们对曲面的微分几何只是做了简要的介绍, 对所引用的定理大多做了准确的叙述. 为了便于读者能够进一步钻研感兴趣的课题, 在书后列出了有关的参考文献. 我们力求使本书的叙述明白易懂, 生动流畅, 并注意科学性. 但是由于作者本人水平的限制, 这些目标不一定能够完美地达到, 甚至还可能存在缺陷和错误, 恳请广大读者不吝指正.

作者十分感谢丁石孙教授和李忠教授极力向"走向数学"丛书推荐"极小曲面"的选题, 同时感谢国家自然科学基金会及"走向数学"丛书主编冯克勤教授的支持, 将本书列入丛书. 在本书写作过程中还得到姜伯驹教授和张恭庆教授的鼓励和帮助, 作者也在此表示衷心的感谢. 另外, 本书的部分图形是利用北京大学计算机辅助教学中心的设备绘制的, 作者对他们的支持表示感谢.

陈维桓

目　录

一　肥皂膜实验

如果你把一根铜丝弯成一条封闭的空间曲线(留出一个把手),将这个框架浸入配制好的肥皂液,然后将它轻轻地提取出来,那么肥皂液就会在铜丝框架上张成一个处于平衡状态的绚丽多彩的薄膜.这个薄膜所成的曲面有哪些性质?它是什么样的曲面?这是一些令人神往的问题.我们知道,在数学的发展史中有许多生动的例子说明,物理实验经常为数学模型的形成及数学理论的完善和发展提供极有价值的启示和激励.前面所提到的实验由 19 世纪的比利时物理学家 J. 普拉托(J. Plateau)作了仔细的观察和详细的描述(参看他的著作[19],出版于 1873 年).

如果我们忽略不计肥皂液本身的重量,也不考虑除了肥皂膜表面张力以外的其他干扰因素(例如外界的风力等),则薄膜的势能在表面张力作用下便会达到最小值,从而必定使肥皂膜所采取的曲面形状具有最小的面积.普拉托通过肥皂膜的有趣实验,确定了肥皂膜曲面和肥皂泡曲面的许多几何性质.他在书[19]中详细地记载了他的实验观察和测量结果.因此,普拉托至少是用实验的手段产生了以非常一般的任意空间闭曲线为边界的面积最小的曲面(参看彩页,图 1.1).

如果你想重演普拉托的实验,则著名数学家 R. 柯朗(R. Courant)曾经提供过一个这种黏稠液体的理想的配方:将 10 克干燥的纯油酸钠溶解于 500 克蒸馏水中,然后将这种溶液与甘油按 15:11 混合搅匀.选取软硬适度的铜丝作框架.那么这样得到的薄膜将是相当稳定的,而且能够维持比较长的时间足以演示和观察所成的曲面的形状.你不妨亲自动手做一做这种实验,也许会有新的心得和体会.当然,框架的尺寸不能太大,大致上以直径不超过 10 厘米为好.框架的尺寸越小,所形成的肥皂膜的稳定性就越高.

现在,通常把寻求以给定的空间闭曲线 C 为边界的面积最小的曲面的问题称为 Plateau 问题.当然,要在数学上把这个问题讲清楚绝非易事.以后我们会介绍 Plateau 问题在数学上的正确提法(参看第九章).上面的问题命名为 Plateau 问题,是因为普拉托系统地对于这个问题作了实验研究和观察.但是早在 18 世纪,L. 欧拉(L. Euler)就提出过这类问题.欧拉在 1744 年发表的《寻求具有某种极大或极小性质的曲线的技巧》中举了一个例子,要求决定出介于

点 (x_0,y_0) 和点 (x_1,y_1) 之间的平面曲线 $y=f(x)$，使得它在绕 x 轴旋转时所生成的曲面的面积最小. 欧拉证明了函数 $f(x)$ 必须是一段悬链线，生成的旋转面叫作悬链面. 欧拉所得到的实际上就是以位于两个平行的平面上、且连心线与平面垂直的两个圆周为边界的面积"最小"的曲面.

尽管如此，一般都认为这类曲面的研究是 J. L. 拉格朗日 (J. L. Lagrange) 在 1760 年开始的，因为他第一次给出了这类曲面应该满足的偏微分方程. 他所考虑的是三维欧氏空间 $\mathbf{R}^3$ 中由函数 $z=f(x,y)$ 给出的图像 M，其中点 (x,y) 的变化范围是 xy-平面上的一个区域 D. 拉格朗日利用他所创立的变分法原理证明了：如果在所有定义在区域 D 上、并且在边界 ∂D 上取值相同的函数的图像中 M 的面积最小，则函数 $z=f(x,y)$ 必须满足偏微分方程

$$(1+f_y^2)f_{xx} - 2f_xf_yf_{xy} + (1+f_x^2)f_{yy} = 0. \quad (1.1)$$

这就是著名的所谓极小曲面方程.

在 1776 年，几何学家 J. B. 梅尼埃 (J. B. Meusnier) 证明了函数 $z=f(x,y)$ 的图像 M 的平均曲率是 (参看第四章)

$$H = \frac{1}{2(1+f_x^2+f_y^2)^{3/2}}\{(1+f_y^2)f_{xx} - 2f_xf_yf_{xy} + (1+f_x^2)f_{yy}\}. \quad (1.2)$$

因此，梅尼埃给出了 Lagrange 方程的几何解释：满足偏微分方程 (1.1) 的曲面就是其平均曲率为零的曲面. 此外，他

还指出悬链面和正螺旋面是满足极小曲面方程(1.1)的两个非线性函数的图像. 现在,我们把 **R**³ 中平均曲率为零的曲面称为极小曲面.

从 1855 年到 1890 年是极小曲面研究的第一个黄金时期. 在这个时期,K. 魏尔斯特拉斯(K. Weierstrass)和 A. 恩内佩尔(A. Enneper)给出了极小曲面方程的通解表达式,O. 博内(O. Bonnet)发现了极小曲面的 Gauss 映射的共形性质. 这些研究成果把极小曲面理论与复变函数理论挂上钩,为极小曲面的研究开辟了一条新的途径. 普托拉的实验也正是在这个阶段进行的. 普托拉通过实验给出了许多有已知边界的极小曲面,同时也向数学家提出了严峻的挑战:从数学上证明以给定封闭空间曲线为边界的面积最小的曲面的存在性. 虽然在这个阶段,H. A. 施瓦茨(H. A. Schwarz)和 G. F. B. 黎曼(G. F. B. Riemann)曾经研究过以折线多边形为边界的面积最小的曲面的存在性,但是要在数学上说清楚 Plateau 问题,并且给以数学上令人满意的解答,则是 20 世纪三十～四十年代的事. 这正是极小曲面研究的第二个黄金时期,主要代表人物是 J. 道格拉斯(J. Douglas)、T. 拉多(T. Rado)等人.

两百多年来,极小曲面一直是几何学家所热衷的研究课题,首先是因为肥皂膜实验所展示的曲面的美丽、多彩的形状及其几何魅力始终在吸引着数学家的注意力,特别是

Plateau 问题的挑战刺激了数学的概念、理论和方法的发现、创造和发展. 现在,极小曲面的理论和课题已经十分丰富,它与偏微分方程、复变函数、函数论、拓扑学以及微分几何的各个方向都有非常深刻的联系,而且极小曲面的概念本身已经有在高维空间的推广、在各种不同的外围空间中的推广. 此外,极小曲面的概念已经发展成几何测度论范畴处理的对象. 自 20 世纪 50 年代末至今正处于极小曲面研究的第三个黄金时期. 极小曲面概念的各种推广是在这个时期产生的,关于极小曲面的许多经典问题也陆续得到了完满的解答. 我们在本书只能对极小曲面的理论作一个浅近的阐述,对于极小曲面的重要课题及其进展和现状作一个简要的介绍,目的是使读者能够对微分几何的这个瑰丽的领域有一些了解.

关于 Plateau 问题的数学描述以及它的解答在本书第九章中叙述. 在本章我们还将通过一些肥皂膜的实验来了解 Plateau 问题的复杂性及其解的多样性.

我们把铜丝弯成一个圆周,那么张在圆周上的肥皂膜自然是一个平面圆盘(当然,圆周的半径不能太大,这时我们能略去肥皂膜本身的重量不计). 如果将作为边界的圆周作连续的变形,也许会认为它所张的肥皂膜曲面将会保持圆盘的拓扑类型不变. 但是,事实却非如此. 例如,我们把圆周变形成为图 1.2(参看彩页)所示的样子,一根铜丝绕了两圈再封闭起来,仿佛是两个挨得很近的圆周.将它浸入肥皂液并且小心地提取出来,我们会惊异地发现所看到的曲面不是单连通的,而是一条单侧的(不可定向的)Möbius 带.

现在我们从形如 Möbius 带的肥皂膜出发,将框架上的两个挨得近的圆圈稍稍向外掰开,张在框架上的肥皂膜也随之变形.在达到某个时刻时,肥皂膜不再保持 Möbius 带的拓扑类型,而突然变成单连通的圆盘型的曲面了(参看彩页,图 1.3).将上面的变形过程逆向进行,我们又能从圆盘型曲面回复到 Möbius 带型曲面.交替地进行框架的这种变形,我们就会交替地得到 Möbius 带型的曲面和单连通圆盘型的曲面.我们会发现,从一种类型曲面到另一种类型曲面的跳跃往往是滞后发生的.也就是说,当框架的形状从 A 变到 B 时,假定曲面保持为 Möbius 带的类型;再变下去,到达某个时刻 C,曲面的类型就会发生跳跃,变成圆盘型曲面.反过来,当框架的形状从 C 变到 B 时,曲面可能会保持圆盘类型不变,但是到达过了 B 的某个时刻,曲面的类型才会有跳跃式的变化,这说明,框架的形状有一个变化范围,在这个范围内,框架所张的肥皂膜既可以是 Möbius 带型的曲面,也可以是圆盘型的曲面,而且它们的形状是相对稳定的.曲面形状的这种相对稳定性表明,无论是 Möbius 带型的肥皂膜,还是圆盘型的肥皂膜,与它们邻近的曲面相比较其面积分别达到了相对的最小值.这就是说,用肥皂膜实验得到的曲面未必是面积最小的曲面,而只是与其邻近曲面相比较,其面积达到最小的曲面.这个观察与变分法原理是吻合的.根据现在已经知道的 Plateau 问题的 Douglas 解,张在上述铜丝框架上的可定向、单连通极小曲面是存在的,与它邻近的变形曲面相比较,其面积达到最小值.但是,当以同一个框架为边界的 Möbius 带型肥皂膜曲面的面积比相应的圆盘型肥皂膜曲面的面积小得多时,后一种曲面在实验中便变得十分不稳定,从而在实际上是很难形成的.

在前面已经提到,欧拉发现悬链面是一种极小曲面.用实验得到悬链面并不困难:我们用铜丝弯成两个大小相同的圆周,中间留一段铜丝作为把柄;然后将把柄弯曲,使两个圆周所在平面平行,并且圆心对齐(连心线与圆周所在平面垂直).当你把这样制备的框架浸入肥皂液,再轻轻地提取出来,那么你看到肥皂膜在框架上张成一个什么样的曲面呢? 一般说来,肥皂膜将取图 1.4(参看彩页)所示的形状,它由三块曲面构成,其中一个是圆盘,介于两个框架圆周之间,并且平行于框架圆周所在的平面,另外两块曲面分别把这个中间的圆盘与框架圆周连起来.从侧面看,如果框架圆周之间的间隔比较小,那么这三块曲面彼此之间的夹角差不多是 120°.这样的肥皂膜不是经典意义上的一张曲面,因为中间圆盘的边缘是由奇点组成的,肥皂膜在奇点的邻域不可能与平面上的开邻域建立同胚关系.

现在你用一根针把中间圆盘状的薄膜刺破,则肥皂膜就立即会收缩成悬链面的形状(参看彩页,图 1.5).这个曲面的面积比原先的肥皂膜的面积要小,而且比与它邻近的曲面的面积也要小.

如果你把两个框架圆周分得越来越开,那么悬链面就会变得越来越狭长,面积也在逐渐增大.到某个时刻,肥皂膜会突然断裂而成为分离的、分别张在框架圆周上的两个圆盘.这两个圆盘的面积之和比发生突变之前的悬链面的面积要小,然而原先是连通的曲面却变成由不连通的两个圆盘组成的曲面.

上面两个例子说明,张在一定的边界曲线上的极小曲面并不总是随着边界曲线的连续变化而连续变形的,而是在一定的时刻极小曲面的拓扑类型会发生突变,从可定向曲面变成不可定向曲面,从单连通曲面变成多连通曲面,从连通曲面变成非连通曲面,或反过来.而且,在框架曲线上形成的肥皂膜曲面不一定是以框架曲线为边界的面积最小的曲面,但是它与邻近曲面相比较取到了面积的最小值.在下一章中,我们将从数学上解释"邻近"的意义.

我们把上面的框架作一些改造:在两个圆周上各截去互相平行的一段弧,然后用直线段把剩下的圆弧连接起来,成为如图 1.6(参看彩页)所示的空间简单闭曲线框架.

由这个框架张成的肥皂膜曲面有两种可能性:一种是由张在两个圆弧上的部分(差不多是两个圆盘)加上夹在两根直线段之间起连接作用的长条所组成的单连通曲面(参看彩页,图 1.6);另一种是将两个圆周之间的悬链面变形之后去掉夹在两根直线段之间的长条之后得到的曲面(参看彩页,图 1.7). 这两种曲面都是单连通的. 但是,当两个圆周之间的间隔比较大的时候,肥皂膜实验只能获得前一种曲面;即使是在开始时能形成后一种曲面,但是它立即会变成第一种曲面. 原因是当间隔较大时,前一种曲面的面积比后一种曲面的面积小得多. 当间隔较小时,实验结果正好相反. 如果把间隔取得适当(比如间隔 $h \approx$ 圆周的半径 r)时,这两种曲面的面积差不多,则肥皂膜实验能够稳定地实现这两种曲面. 由此可见,以同一条空间闭曲线为边界的面积取最小值的单连通曲面可能不止一个. 这样,我们从实验的角度揭示了 Plateau 问题的多解性. 即使我们限制所求曲面的拓扑类型,这种多解性的现象仍旧是可能发生的.

把上面的铜丝框架再作一些改造:将两条起连接作用的直线段也弯成两个互相平行的圆弧形状,如图 1.8 所示. 这样,它所张的肥皂膜曲面至少有三种可能性:两个是单连通曲面,分别是前面得到的两张曲面的变形,另一个是欧拉示性数为 -1 的曲面,如图 1.8 所示. 如果两对平行的圆弧的半径和间隔是一样的,即框架本身是完全对称的,那么前两个单连通曲面的形状是相同的,这再一次印证了前一段所叙述的事实,即 Plateau 问题的多解性.如果框架不具有这种对称性,则相应的这两个单连通曲面一般就有不同的面积.但是,如果平行圆弧之间的间隔比较小,那么它所张的欧拉示性数为−1 的肥皂膜曲面的面积比上面两个单连通曲面的面积都要小.将两个互相平行的圆弧之间的距离增大或减小,就能实现从欧拉示性数为−1 的肥皂膜曲面到单连通肥皂膜曲面之间的互相转化.按照这种做法继续下去,我们将会得到一条空间简单闭曲线,使得在不限制曲面的拓扑类型时,以这条曲线为边界的面积最小的曲面是不存在的(参看第九章,图 9.1).

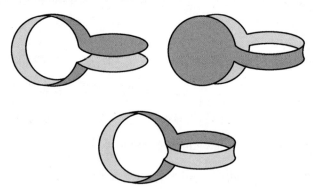

图 1.8 Plateau 问题的多解性

利用肥皂膜实验还可以得到更为复杂的例子,包括曲面有自交现象发生的例子,如彩页中的图 1.9 所示.

　　这些实验的结果虽然不能代替 Plateau 问题在数学上的解,但是它会供给我们许多事先没有料到的物理现象,而这些现象会启发我们从数学上进行思考和概括,引导我们去寻求 Plateau 问题的正确提法.

　　如果将弯成圆圈的铁丝蘸一下肥皂液,然后用嘴能吹出一个个的肥皂泡.在肥皂泡内部容纳了一定量的空气,而且其形状使内、外空气压力保持平衡,在曲面上各处的压强是一致的.这类曲面的特性是当曲面作保持所围的体积不变的变形时,其面积取最小值.经过计算可知这种曲面的平均曲率是非零常数. $\mathbf{R}^3$ 中常平均曲率曲面也是一个极其重要的研究对象,但是本书对此就不作讨论了.

二 极小曲面方程

在上一章我们已经说明,在曲线上张成的肥皂膜曲面的面积达到了与它邻近的曲面相比较的最小值.在这里,我们首先要把曲面在它的邻近变形的概念正确地表达出来.然后据此导出拉格朗日的极小曲面方程(1.1).

假定我们所考虑的曲面 M 是连续可微函数 $z = f(x,y)$ 的图像,其中点 (x,y) 的变动范围是 xy-平面上的一个区域 D,今后称 M 为定义在区域 D 上的一张图.

若有连续可微函数

$$z = F(x,y,t), \qquad (2.1)$$

其中 $(x,y,t) \in D \times (-\varepsilon,\varepsilon)$,$\varepsilon$ 是一个正数,并且

$$F(x,y,0) = f(x,y) \qquad (2.2)$$

对于任意的 $(x,y) \in D$ 成立,则称函数 $z = F(x,y,t)$ 是 $z = f(x,y)$ 的一个变分.

　　每当 t 取定一个属于 $(-\varepsilon,\varepsilon)$ 的数值 t_0，函数 $z=F(x,y,t_0)$ 就给出定义在区域 D 上的一张图 M_{t_0}. 条件(2.2)说明 $M_0=M$. 所以，给定函数 $z=f(x,y)$ 的一个变分，就是给出了图 M 在它邻近的一个变形 M_t. 有时，我们也称 M_t 是 M 的一个变分(图 2.1).

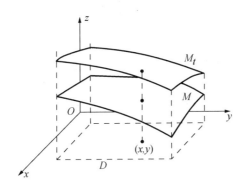

图 2.1　曲面 M 和它的变分 M_t

　　如果变分(2.1)除了满足条件(2.2)以外，还满足

$$F(x,y,t) = f(x,y), \qquad (2.3)$$

其中 (x,y,t) 是 $\partial D\times(-\varepsilon,\varepsilon)$ 中的任意点，而 ∂D 是指区域 D 的边界，则变形曲面 M_t 与 M 有共同的边界曲线. 这时. 我们称(2.1)是 $z=f(x,y)$ 的有相同边界值的变分，或称 M_t 是图 M 的有固定边界的变分.

　　将函数线性化是研究函数的最简单的方法之一. 对于变分(2.1)也可以作同样的考虑. 命

$$g(x,y) = \left.\frac{\partial F(x,y,t)}{\partial t}\right|_{t=0}, \qquad (2.4)$$

则 $g(x,y)$ 是定义在 D 上的连续可微函数. 它的几何意义是变分曲面 M_t 在点 (x,y) 处在 $t=0$ 时刻变形的速率. 命

$$F_0(x,y,t) = f(x,y) + tg(x,y), \qquad (2.5)$$

则 $z=F_0(x,y,t)$ 仍是 $z=f(x,y)$ 的一个变分, 而且 $z=F_0(x,y,t)$ 是函数 $z=F(x,y,t)$ 关于变量 t 的 Taylor 展开式中略去 t 的二次以上的项所得到的表达式. 下面的计算会告诉我们, 在变分计算中起本质作用的是变分 $z=F(x,y,t)$ 关于 t 的一次近似值, 也就是定义在区域 D 上的函数 $g(x,y)$. 为了把变形的速度形象地表示出来, 我们引进向量场

$$\mathbf{V} = (x,y,g(x,y)), \qquad (2.6)$$

它定义在 D 上, 也可以认为定义在图 M 上. 我们称 $\mathbf{V}$ 为图 M 的变分向量场.

如果图 M 的变分 M_t 有固定的边界, 则从式 (2.3) 得到

$$g(x,y) = 0, \quad \forall (x,y) \in \partial D.$$

曲面面积的定义对于极小曲面理论而言自然是十分重要的基本问题. 事实上, 在极小曲面理论的发展过程中, 关于曲面面积定义的讨论占据重要的位置, 几何测度论就是这个过程中十分要紧的产物. 在这里我们先承认函数 $z=f(x,y)$ 的图 M 的面积是

$$A(M) = \int_D \sqrt{1 + f_x^2 + f_y^2}\,\mathrm{d}x\mathrm{d}y. \qquad (2.7)$$

此式的几何意义在第三章中介绍,同时在那里还要对曲面面积的定义作一些讨论. 对于 M 的一个变分 M_t,命

$$A(M_t) = \int_D \sqrt{1 + \left(\frac{\partial F}{\partial x}\right)^2 + \left(\frac{\partial F}{\partial y}\right)^2}\, \mathrm{d}x\mathrm{d}y,$$

它是一个以 t 为自变量的函数.

　　我们在第一章中已经说过,如果把 M 看成张在边界曲线 ∂M 上的肥皂膜,那么当 M 在它邻近作保持边界曲线不动的变形时,即当 M 作有固定边界的变分 M_t 时,M 的面积取最小值,也就是对任意的 $t \in (-\varepsilon, \varepsilon)$ 有

$$A(M) \leqslant A(M_t). \tag{2.8}$$

我们已经假定 $F(x, y, t)$ 是连续可微函数,所以 $A(M_t)$ 是 t 的连续可微函数. 式(2.8)意味着函数 $A(M_t)$ 在 $t = 0$ 时达到最小值,故有

$$\left.\frac{\mathrm{d}}{\mathrm{d}t}\right|_{t=0} A(M_t) = 0. \tag{2.9}$$

　　我们的任务是把上式的左端计算出来. 将 $F(x, y, t)$ 关于 t 作 Taylor 展开,由式(2.4)可知

$$F(x, y, t) = f(x, y) + tg(x, y) + t^2 h(x, y, t),$$

其中 $t^2 h(x, y, t)$ 是 t 的二次以上的余项. 因此

$$\frac{\partial F}{\partial x} = \frac{\partial f}{\partial x} + t\frac{\partial g}{\partial x} + t^2\frac{\partial h}{\partial x},$$

$$\frac{\partial F}{\partial y} = \frac{\partial f}{\partial y} + t\frac{\partial g}{\partial y} + t^2\frac{\partial h}{\partial y},$$

由此得到

$$1 + \left(\frac{\partial F}{\partial x}\right)^2 + \left(\frac{\partial F}{\partial y}\right)^2$$

$$= (1 + f_x^2 + f_y^2) + 2t(f_x g_x + f_y g_y) + t^2\, \widetilde{h}(x, y, t),$$

故有

$$\sqrt{1 + \left(\frac{\partial F}{\partial x}\right)^2 + \left(\frac{\partial F}{\partial y}\right)^2}$$

$$= \sqrt{1 + f_x^2 + f_y^2} \cdot \sqrt{1 + tP(x, y) + t^2 Q(x, y, t)},$$

其中 $Q(x, y, t)$ 是有界函数,并且

$$P(x, y) = \frac{2(f_x g_x + f_y g_y)}{1 + f_x^2 + f_y^2}.$$

利用根式 $\sqrt{1 + at}$ 在 $t = 0$ 附近的 Taylor 展开式 $1 + \frac{a}{2}t + \cdots$,我们得到

$$\sqrt{1 + \left(\frac{\partial F}{\partial x}\right)^2 + \left(\frac{\partial F}{\partial y}\right)^2}$$

$$= \sqrt{1 + f_x^2 + f_y^2} \cdot \left[1 + \frac{t}{2}P(x, y) + t^2\, \widetilde{Q}(x, y, t)\right],$$

其中 $\widetilde{Q}(x, y, t)$ 是有界函数. 由此可得

$$\frac{\mathrm{d}}{\mathrm{d}t}\bigg|_{t=0} A(M_t)$$

$$= \int_D \frac{\partial}{\partial t}\left(\sqrt{1 + \left(\frac{\partial F}{\partial x}\right)^2 + \left(\frac{\partial F}{\partial y}\right)^2}\right)\bigg|_{t=0} \mathrm{d}x\mathrm{d}y$$

$$= \int_D \frac{f_x g_x + f_y g_y}{\sqrt{1 + f_x^2 + f_y^2}} \mathrm{d}x \mathrm{d}y.$$

条件(2.9)成为:对 D 上任意的连续可微函数 $g(x,y)$ 都应该有

$$\int_D \frac{f_x g_x + f_y g_y}{\sqrt{1 + f_x^2 + f_y^2}} \mathrm{d}x \mathrm{d}y = 0. \qquad (2.10)$$

为了用分部积分法从式(2.10)导出 f 应满足的偏微分方程,命

$$p = \frac{\partial f}{\partial x}, \quad q = \frac{\partial f}{\partial y},$$

并且把式(2.10)的被积表达式写成

$$\frac{p \cdot \dfrac{\partial g}{\partial x} + q \cdot \dfrac{\partial g}{\partial y}}{\sqrt{1 + p^2 + q^2}}$$

$$= \frac{\partial}{\partial x}\left(\frac{pg}{\sqrt{1 + p^2 + q^2}}\right) + \frac{\partial}{\partial y}\left(\frac{qg}{\sqrt{1 + p^2 + q^2}}\right) -$$

$$\left[\frac{\partial}{\partial x}\left(\frac{p}{\sqrt{1 + p^2 + q^2}}\right) + \frac{\partial}{\partial y}\left(\frac{q}{\sqrt{1 + p^2 + q^2}}\right)\right] \cdot g.$$

对于右端前两项在 D 上的积分可以用 Green 公式:

$$\int_{\partial D} A(x,y) \mathrm{d}x + B(x,y) \mathrm{d}y = \int_D \left(\frac{\partial B}{\partial x} - \frac{\partial A}{\partial y}\right) \mathrm{d}x \mathrm{d}y,$$

$$(2.11)$$

其中 $A(x,y)$、$B(x,y)$ 是定义在 D 上的连续可微函数,边界 ∂D 的正定向要求沿曲线 ∂D 正向行进时区域 D 落在它

的左边. 所以我们有

$$\frac{\mathrm{d}}{\mathrm{d}t}\Big|_{t=0} A(M_t)$$

$$= \int_{\partial D} \frac{g \cdot (-q\mathrm{d}x + p\mathrm{d}y)}{\sqrt{1+p^2+q^2}} -$$

$$\int_D \left[\frac{\partial}{\partial x}\left(\frac{p}{\sqrt{1+p^2+q^2}}\right) + \frac{\partial}{\partial y}\left(\frac{q}{\sqrt{1+p^2+q^2}}\right)\right] g\mathrm{d}x\mathrm{d}y.$$

前已假定 M_t 是 M 的有固定边界的变分,故

$$g\mid_{\partial D} \equiv 0,$$

于是式(2.10)成为

$$\frac{\mathrm{d}}{\mathrm{d}t}\Big|_{t=0} A(M_t)$$

$$= -\int_D \left[\frac{\partial}{\partial x}\left(\frac{p}{\sqrt{1+p^2+q^2}}\right) + \frac{\partial}{\partial y}\left(\frac{q}{\sqrt{1+p^2+q^2}}\right)\right] g\mathrm{d}x\mathrm{d}y$$

$$= 0. \tag{2.12}$$

如果上面的条件对任意的、在边界∂D上的值为零的连续可微函数 $g(x,y)$ 恒成立,则容易导出函数 $z = f(x,y)$ 在区域 D 上满足微分方程

$$\frac{\partial}{\partial x}\left(\frac{p}{\sqrt{1+p^2+q^2}}\right) + \frac{\partial}{\partial y}\left(\frac{q}{\sqrt{1+p^2+q^2}}\right) = 0. \tag{2.13}$$

为此只要证明式(2.13)在任意一点$(x_0, y_0) \in D$成立. 在这里,关键是要找出一个非负连续可微函数,使得它在一个固

定点的某个邻域内恒等于 1,而其支撑集(使该函数不为零的点集的闭包)包含在区域 D 内.这样的函数是存在的,我们可以具体地将它构造出来.

例如,设 $0<\varepsilon<\delta$,命

$$\alpha(x)=\begin{cases}\exp\left\{\dfrac{1}{(x-\varepsilon)(x-\delta)}\right\},\varepsilon<x<\delta,\\0,x\leqslant\varepsilon\ \text{或}\ x\geqslant\delta,\end{cases}$$

$$\beta(x)=\int_x^{+\infty}\alpha(x)\mathrm{d}x\Big/\int_{-\infty}^{+\infty}\alpha(x)\mathrm{d}x.$$

显然,函数 $\alpha(x),\beta(x)$ 都是实数轴 $\mathbf{R}$ 上的光滑函数,满足 $0\leqslant\beta(x)\leqslant1$,并且

$$\beta(x)=\begin{cases}1,\text{当}\ x\leqslant\varepsilon,\\0,\text{当}\ x\geqslant\delta.\end{cases}$$

这些性质不难从图 2.2 看出来,不需要另行验证.

函数 $\beta(x)$ 通常称为截断函数,其功用是把函数在某一点的邻域上的部分分离出来,而保持函数在整体上的可微性不变.

比如,对于 $(x_0,y_0)\in D$,可以取 $0<\varepsilon<\delta$,使得以 (x_0,y_0) 为中心,以 $2\sqrt{\delta}$ 为边长的正方形

$$[x_0-\sqrt{\delta},x_0+\sqrt{\delta}]\times[y_0-\sqrt{\delta},y_0+\sqrt{\delta}]$$

整个地落在区域 D 内,命

$$g(x,y)$$

$$= \left[\frac{\partial}{\partial x}\left(\frac{p}{\sqrt{1+p^2+q^2}} \right) + \frac{\partial}{\partial y}\left(\frac{q}{\sqrt{1+p^2+q^2}} \right) \right] \cdot$$

$$\beta(\mid x-x_0\mid^2)\cdot\beta(\mid y-y_0\mid^2),$$

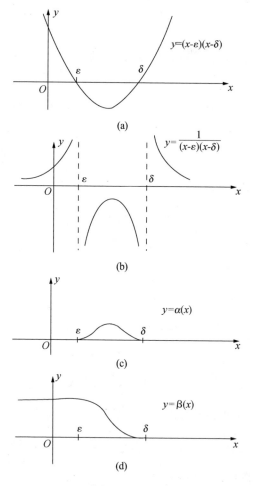

图 2.2　截断函数

则 g 是整个 D 上的连续可微函数,并且 $g|_{\partial D}\equiv 0$. 此外,g 在 $[x_0-\sqrt{\varepsilon},x_0+\sqrt{\varepsilon}]\times[y_0-\sqrt{\varepsilon},y_0+\sqrt{\varepsilon}]$ 内恒等于方括号内的表达式.

将上面构造的 $g(x,y)$ 代入式(2.12)便得到

$$\int_{\substack{|x-x_0|\leqslant\sqrt{\delta}\\|y-y_0|\leqslant\sqrt{\delta}}}\left[\frac{\partial}{\partial x}\left(\frac{p}{\sqrt{1+p^2+q^2}}\right)+\frac{\partial}{\partial y}\left(\frac{q}{\sqrt{1+p^2+q^2}}\right)\right]^2\cdot$$

$$\beta(|x-x_0|^2)\cdot\beta(|y-y_0|^2)\mathrm{d}x\mathrm{d}y=0.$$

由于被积表达式为非负函数,其积分为零蕴含着被积表达式必定恒等于零. 于是在点 (x_0,y_0) 有

$$\frac{\partial}{\partial x}\left(\frac{p}{\sqrt{1+p^2+q^2}}\right)+\frac{\partial}{\partial y}\left(\frac{q}{\sqrt{1+p^2+q^2}}\right)\bigg|_{(x_0,y_0)}=0.$$

由 (x_0,y_0) 在 D 内的任意性得式(2.13)在 D 内成立.

将式(2.13)展开得到

$$\frac{\partial}{\partial x}\left(\frac{p}{\sqrt{1+p^2+q^2}}\right)+\frac{\partial}{\partial y}\left(\frac{q}{\sqrt{1+p^2+q^2}}\right).$$

$$=\frac{1}{(1+f_x^2+f_y^2)^{3/2}}\left[(1+f_y^2)f_{xx}-2f_xf_yf_{xy}+(1+f_x^2)f_{yy}\right]$$

$$=0,$$

此即极小曲面方程(1.1).

上面的讨论可以归纳为如下的结论:设 M 是定义在区域 $D\subset\mathbf{R}^2$ 上的连续可微函数 $z=f(x,y)$ 的图. 如果对于 M

的任意一个保持边界不动的变分 M_t，都有

$$A(M) \leqslant A(M_t),$$

则函数 $z = f(x,y)$ 必须满足方程

$$(1 + f_y^2)f_{xx} - 2f_x f_y f_{xy} + (1 + f_x^2)f_{yy} = 0. \quad (2.14)$$

这是非线性二阶偏微分方程. 早期关于极小曲面的研究主要是寻找这个方程的特解.

很明显，线性函数

$$f(x,y) = ax + by + c$$

总是方程(2.14)的一个解；换言之，平面是一个极小曲面.

1776 年，梅尼埃给出了极小曲面方程(2.14)的两个非线性函数的特解，它们分别对应于悬链面和正螺旋面(参看彩页，图 2.3，图 2.4). 要得到这两个特解，需要在函数 $f(x,y)$ 上附加一些条件.

例如，我们要求 M 是一个旋转面，则函数 $f(x,y)$ 可以表示成

$$f(x,y) = h(r),$$

$$r = \sqrt{x^2 + y^2},$$

其中 $h(r)$ 是待定的单变量函数. 由 f 的表达式可得

$$f_x = h' \cdot \frac{x}{r}, \quad f_y = h' \cdot \frac{y}{r},$$

$$f_{xx} = h'' \cdot \frac{x^2}{r^2} + h' \cdot \frac{y^2}{r^3},$$

$$f_{xy} = h'' \cdot \frac{xy}{r^2} - h' \cdot \frac{xy}{r^3},$$

$$f_{yy} = h'' \cdot \frac{y^2}{r^2} + h' \cdot \frac{x^2}{r^3},$$

将它们代入式(2.14)便得到函数 $h(r)$ 所满足的微分方程：

$$h'' + \frac{1}{r}(h' + h'^3) = 0.$$

解这个方程得到

$$h(r) = \frac{1}{c}\ln(cr + \sqrt{c^2 r^2 - 1}) + c_1,$$

$$f(x,y) = \frac{1}{c}\ln(c\sqrt{x^2 + y^2} + \sqrt{c^2(x^2 + y^2) - 1}) + c_1.$$

取 $c_1 = 0$，则上面的方程可以写成

$$\mathrm{e}^{cz} = c\sqrt{x^2 + y^2} + \sqrt{c^2(x^2 + y^2) - 1},$$

$$\mathrm{e}^{-cz} = \frac{1}{\mathrm{e}^{cz}} = c\sqrt{x^2 + y^2} - \sqrt{c^2(x^2 + y^2) - 1},$$

$$\mathrm{ch}(cz) = c\sqrt{x^2 + y^2},$$

这里 $\mathrm{ch}(cz)$ 是双曲余弦函数，即 $\mathrm{ch}(cz) = \frac{1}{2}(\mathrm{e}^{cz} + \mathrm{e}^{-cz})$. 此即悬链面.

如果我们要求 M 是直纹面，不妨设 $f(x,y)$ 表示成

$$f(x,y) = h(t),$$

$$t = \frac{x}{y}.$$

在直观上，M 是由从 z 轴引出的、平行于 xy 平面的一些直

线构成的曲面. 代入式(2.14)便得到 $h(t)$ 所满足的微分方程

$$(1+t^2)h''(t) + 2th'(t) = 0,$$

其通解为

$$h = c \cdot \arctan t + c_1,$$

命 $c_1 = 0$, 则得方程(2.14)的解

$$f(x,y) = c \cdot \arctan \frac{x}{y},$$

此即正螺旋面.

在本章的最后, 我们对极小曲面方程作一些观察和分析. 由 Green 公式(2.11)知道, 如果在单连通区域 D 内

$$\frac{\partial B}{\partial x} = \frac{\partial A}{\partial y}$$

成立, 则对于落在 D 内的封闭路径 γ 有

$$\int_\gamma A(x,y)\mathrm{d}x + B(x,y)\mathrm{d}y = 0.$$

因此, 曲线积分

$$C(x,y) = \int_{(x_0,y_0)}^{(x,y)} A(x,y)\mathrm{d}x + B(x,y)\mathrm{d}y$$

与区域 D 内从点 (x_0, y_0) 到点 (x,y) 的路径是无关的, 即 $C(x,y)$ 是在区域 D 内定义好的二元函数, 并且

$$\mathrm{d}C(x,y) = A(x,y)\mathrm{d}x + B(x,y)\mathrm{d}y.$$

这说明微分形式 $A(x,y)\mathrm{d}x + B(x,y)\mathrm{d}y$ 是函数 $C(x,y)$ 的

全微分.

我们假定图 M 的定义区域 D 是单连通的,则由极小曲面方程(2.13)得到

$$\frac{\partial}{\partial x}\left(\frac{p}{\sqrt{1+p^2+q^2}}\right) = -\frac{\partial}{\partial y}\left(\frac{q}{\sqrt{1+p^2+q^2}}\right),$$

所以必定存在 D 上的连续可微函数 $R(x,y)$,使得

$$\mathrm{d}R(x,y) = -\frac{q}{\sqrt{1+p^2+q^2}}\mathrm{d}x + \frac{p}{\sqrt{1+p^2+q^2}}\mathrm{d}y,$$

或者

$$\begin{aligned}\frac{\partial R}{\partial x} &= -\frac{q}{\sqrt{1+p^2+q^2}}, \\ \frac{\partial R}{\partial y} &= -\frac{p}{\sqrt{1+p^2+q^2}}.\end{aligned} \tag{2.15}$$

从极小曲面方程还能得到另外两个全微分式,它们很有用.要导出这两个式子需要作一些计算,直接计算得到

$$\begin{aligned}&\frac{\partial}{\partial x}\left(\frac{1+q^2}{\sqrt{1+p^2+q^2}}\right) - \frac{\partial}{\partial y}\left(\frac{pq}{\sqrt{1+p^2+q^2}}\right) \\ &= -\frac{p}{(1+p^2+q^2)^{3/2}}\big[(1+q^2)f_{xx} - 2pqf_{xy} + \\ &\quad (1+p^2)f_{yy}\big] \\ &= 0,\end{aligned}$$

同理,

$$\frac{\partial}{\partial x}\left(\frac{pq}{\sqrt{1+p^2+q^2}}\right) - \frac{\partial}{\partial y}\left(\frac{1+p^2}{\sqrt{1+p^2+q^2}}\right) = 0.$$

所以在 D 上存在连续可微函数 $S(x,y)$、$T(x,y)$，使得

$$dS(x,y) = \frac{1+p^2}{\sqrt{1+p^2+q^2}}dx + \frac{pq}{\sqrt{1+p^2+q^2}}dy,$$

$$dT(x,y) = \frac{pq}{\sqrt{1+p^2+q^2}}dx + \frac{1+q^2}{\sqrt{1+p^2+q^2}}dy,$$

即在 D 上有连续可微函数 S、T 满足

$$\frac{\partial S}{\partial x} = \frac{1+p^2}{\sqrt{1+p^2+q^2}}, \quad \frac{\partial S}{\partial y} = \frac{pq}{\sqrt{1+p^2+q^2}},$$

$$\frac{\partial T}{\partial x} = \frac{pq}{\sqrt{1+p^2+q^2}}, \quad \frac{\partial T}{\partial y} = \frac{1+q^2}{\sqrt{1+p^2+q^2}}. \tag{2.16}$$

三 曲面的面积

前面所讨论的曲面都表示为函数 $z = f(x,y)$ 的图像.
这种表示法是有局限性的,它要求曲面与平行于 z 轴的直
线只能有一个交点. 更常用的表示曲面的方法是用参数方
程. 假定在 3 维欧氏空间 $\mathbf{R}^3$ 中取定一个笛卡儿直角坐标
系 $[0;\boldsymbol{i},\boldsymbol{j},\boldsymbol{k}]$,那么曲面 M 上的点 $P(x,y,z)$ 可以用三个
函数

$$
\begin{cases}
x = x(u,v), \\
y = y(u,v), \\
z = z(u,v),
\end{cases}
\tag{3.1}
$$

表示,其中 (u,v) 称为曲面的参数,它的变化范围是平面 $\mathbf{R}^2$
中的一个区域 D. 通常,我们用 $\boldsymbol{r}$ 表示向径 $\overrightarrow{OP}$,于是曲
面(3.1)可以记成

$$
\boldsymbol{r} = (x(u,v),y(u,v),z(u,v)),
\tag{3.2}
$$

参数(u,v)是区域D上的点的坐标,同时也是曲面M上的点的坐标. 这是因为把参数u、v的值代入方程(3.1),便得到曲面上的对应点的笛卡儿坐标(x,y,z),所以曲面上的点是由u,v的值通过方程(3.1)而确定的,我们把(u,v)称为曲面M上的点的曲纹坐标. 为了更加形象地理解这个概念,我们考虑(u_0,v_0)确定的点P. 在区域D内,$v=v_0$代表一条与u轴平行的直线;对应地,在曲面M上就有一条通过点P的曲线

$$\boldsymbol{r} = (x(u,v_0),y(u,v_0),z(u,v_0)),$$

其中u是曲线的参数,我们把这条曲线称为曲面M上经过P点的u-曲线. 同样道理,区域D内与v轴平行的直线$u=u_0$对应着曲面M上经过P点的v-曲线. 因此,在曲面M上,u-曲线和v-曲线构成覆盖M的两族曲线网,而曲面M上每一点必是一条u-曲线和一条v-曲线的交点(图3.1).

对于能用微积分进行研究的曲面,一般要求式(3.1)中的函数$x(u,v),y(u,v),z(u,v)$有连续的三阶以上的偏导数. 另外,为了使方程(3.1)确实给出一张曲面,通常还要求在曲面上每一点处u-曲线和v-曲线的切向量

$$\boldsymbol{r}_u = (x_u,y_u,z_u)$$

和

$$\boldsymbol{r}_v = (x_v,y_v,z_v)$$

不共线,即

$$\boldsymbol{r}_u \times \boldsymbol{r}_v = \left(\begin{vmatrix} y_u & z_u \\ y_v & z_v \end{vmatrix}, \begin{vmatrix} z_u & x_u \\ z_v & x_v \end{vmatrix}, \begin{vmatrix} x_u & y_u \\ x_v & y_v \end{vmatrix} \right) \neq 0,$$

$$(3.3)$$

满足以上条件的曲面称为正则曲面.

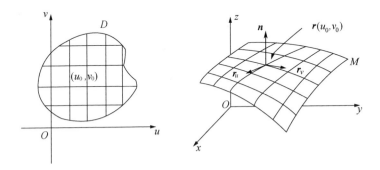

图 3.1　正则曲面上的曲纹坐标

函数 $z = f(x, y)$ 的图像可以看作以 (x, y) 为参数的正则曲面:

$$\boldsymbol{r} = (x, y, f(x, y)). \qquad (3.4)$$

这时,

$$\boldsymbol{r}_x = (1, 0, f_x),$$

$$\boldsymbol{r}_y = (0, 1, f_y),$$

所以

$$\boldsymbol{r}_x \times \boldsymbol{r}_y = (-f_x, -f_y, 1) \neq 0.$$

由向量积的定义可知

$$\boldsymbol{r}_u \cdot (\boldsymbol{r}_u \times \boldsymbol{r}_v) = 0,$$

$$\boldsymbol{r}_v \cdot (\boldsymbol{r}_u \times \boldsymbol{r}_v) = 0.$$

然而,切向量 r_u 和 r_v 在曲面上张成在该点的切平面,所以上式表明 $r_u \times r_v$ 与曲面的切平面垂直;利用正则性条件,在曲面 M 上就有一个完全确定的单位法向量场

$$n = \frac{r_u \times r_v}{|r_u \times r_v|}. \tag{3.5}$$

这样,在正则曲面 M 上的每一点 $r(u,v)$ 附加了一个标架(或一个活动的坐标系)$\{r; r_u, r_v, n\}$,它的原点就是曲面 M 上的点 r,标架的前两个向量 r_u, r_v 是曲面在该点的两个切向量,它们分别是参数曲线的切向量,n 是曲面在该点的单位法向量.我们称 $\{r; r_u, r_v, n\}$ 为曲面在该点的自然标架.根据向量积 $r_u \times r_v$ 的定义,向量 r_u, r_v, n 是成右手系的;但是,一般说来,$\{r; r_u, r_v, n\}$ 不是笛卡儿直角坐标系,因为 r_u 与 r_v 不一定是彼此正交的单位向量.尽管如此,当我们研究曲面在一点附近的性质时,选用曲面在该点的自然标架是适宜的;原因很简单,空间的笛卡儿坐标系是脱离曲面而设立的,与曲面本身没有关系,而自然标架已经考虑到曲面的特性,并且随着曲面上的点的变化而变化.研究曲面在一点的弯曲性质有许多办法,其中一种自然的方法是考察曲面切平面的方向(其法向量)变化的速率,也就是需要计算曲面的单位法向量的微分,这种计算与曲面的自然标架有密切的联系.

为了利用自然标架场来研究曲面,知道该标架场的度

量系数是十分重要的. 所谓一个标架的度量系数是指标架
向量之间的内积的值. 我们记

$$E = \boldsymbol{r}_u \cdot \boldsymbol{r}_u = x_u^2 + y_u^2 + z_u^2,$$

$$F = \boldsymbol{r}_u \cdot \boldsymbol{r}_v = \boldsymbol{r}_v \cdot \boldsymbol{r}_u = x_u x_v + y_u y_v + z_u z_v, \quad (3.6)$$

$$G = \boldsymbol{r}_v \cdot \boldsymbol{r}_v = x_v^2 + y_v^2 + z_v^2,$$

其余的系数是

$$\boldsymbol{r}_u \cdot \boldsymbol{n} = \boldsymbol{r}_v \cdot \boldsymbol{n} = 0, \quad \boldsymbol{n} \cdot \boldsymbol{n} = 1.$$

如果我们用 $\mathrm{d}\boldsymbol{r}$ 表示曲面 M 在点 $\boldsymbol{r}(u,v)$ 的切向量,它
可以表示为

$$\mathrm{d}\boldsymbol{r} = \boldsymbol{r}_u \mathrm{d}u + \boldsymbol{r}_v \mathrm{d}v. \quad (3.7)$$

因此,$\mathrm{d}u,\mathrm{d}v$ 恰好是切向量 $\mathrm{d}\boldsymbol{r}$ 关于自然标架$\{\boldsymbol{r};\boldsymbol{r}_u,\boldsymbol{r}_v\}$的分
量(实际上,$\mathrm{d}\boldsymbol{r}$ 是向量函数 $\boldsymbol{r}(u,v)$ 的全微分. 因为自变量
u,v 的微分是一组新变量,它们可取任意的实数值,所以 $\mathrm{d}\boldsymbol{r}$
代表曲面在点 $\boldsymbol{r}(u,v)$ 的任意一个切向量),向量 $\mathrm{d}\boldsymbol{r}$ 的长度
的平方为

$$|\mathrm{d}\boldsymbol{r}|^2 = \mathrm{d}\boldsymbol{r} \cdot \mathrm{d}\boldsymbol{r} = E\mathrm{d}u^2 + 2F\mathrm{d}u\mathrm{d}v + G\mathrm{d}v^2. \quad (3.8)$$

这个公式说明,如果已经计算出曲面上自然标架的度量系
数,那么只要知道切向量关于自然标架的分量就能计算它
的长度,而不必知道该切向量关于空间的笛卡儿直角坐标
系的坐标. 一个具体的应用是:已知曲面上有一条曲线的方
程是用曲纹坐标给出的,设为

$$u = u(t), v = v(t), a \leqslant t \leqslant b,$$

那么曲线 $\boldsymbol{r}(t)$ 的参数方程是 $\boldsymbol{r}(t)=\boldsymbol{r}(u(t),v(t))$,它的切向量是

$$\boldsymbol{r}'(t)=u'(t)\boldsymbol{r}_u+v'(t)\boldsymbol{r}_v,$$

即曲线 $\boldsymbol{r}(t)$ 的切向量 $\boldsymbol{r}'(t)$ 关于曲面 M 的自然标架 $\{\boldsymbol{r};\boldsymbol{r}_u,\boldsymbol{r}_v\}$ 的分量是 $u'(t),v'(t)$. 因此曲线的切向量 $\boldsymbol{r}'(t)$ 的长度是

$$
\begin{aligned}
|\boldsymbol{r}'(t)| &= \sqrt{\boldsymbol{r}'(t)\cdot\boldsymbol{r}'(t)} \\
&= \sqrt{[u'(t)\boldsymbol{r}_u+v'(t)\boldsymbol{r}_v]^2} \\
&= \sqrt{Eu'^2(t)+2Fu'(t)v'(t)+Gv'^2(t)},
\end{aligned}
$$

该曲线的长度是

$$L=\int_a^b\sqrt{E\left(\frac{\mathrm{d}u}{\mathrm{d}t}\right)^2+2F\frac{\mathrm{d}u}{\mathrm{d}t}\frac{\mathrm{d}v}{\mathrm{d}t}+G\left(\frac{\mathrm{d}v}{\mathrm{d}t}\right)^2}\,\mathrm{d}t.\quad(3.9)$$

前面的式(3.8)的右端是一个二次微分形式,称为曲面的第一基本形式,通常用 I 表示.

下面我们要讨论曲面面积的概念,并且把它用第一基本形式的系数表示出来.

许多计算平面图形面积的公式早在欧几里得的"几何原本"出现之前就已经建立起来了.量度平面图形的一种实际做法是这样的:用一张画有正方形栅格的透明纸盖在平面图形上,数出图形所包含的正方形格子的最大个数,以及正方形格子的并集能把图形包含在内的这些正方形格子的最小个数.这些个数乘以正方形格子的面积正好是平面图

形面积的不足近似值和过剩近似值. 将正方形栅格再细分,则上面所求得的不足近似值和过剩近似值将会越来越接近,最终趋于同一个极限,该极限就是平面图形的面积. 用这种办法可以得到三角形的面积 $= \frac{1}{2} \times$ 底 $\times$ 高,由此得到平面多边形的面积.

多面体的表面是由一些平面多边形组成的,因此其表面积是这些平面多边形的面积之和. 至于弯曲的曲面,很自然地会想到用内接于曲面的多面体的表面积来近似曲面的面积;因为曲线的长度就可以用内接折线的长度来近似,当曲线的方程可微时,该近似值的极限正好是式(3.9)给出的积分. 但是施瓦茨给出的一个著名例子说明,即使是对于十分简单的曲面片,这种办法也是行不通的. 这个例子是这样的:设 S 是一段柱面

$$x^2 + y^2 = 1, \quad 0 \leqslant z \leqslant 1.$$

将柱面 S 沿直母线:$x=1, y=0, 0 \leqslant z \leqslant 1$ 剪开,它可以铺开在平面上成为边长分别为 1 和 2π 的矩形 R,所以 S 的面积是 2π. 现在把矩形 R 的两边分别作 m 等分和 n 等分,于是 R 分成 mn 个小矩形. 每个小矩形的两条对角线又把它分成 4 个小三角形(图 3.2). 当你把 R 复原成为圆柱面 S 时,上面所划分的 $4mn$ 个小三角形的顶点成为 S 上的点集,以这些点为顶点作相应的三角形得到内接多面体的表面

$S_{m,n}$. 易得 $S_{m,n}$ 的面积是

$$A(S_{m,n}) = 2n\sin\frac{\pi}{2n} + \left[1 + \frac{m^2}{n^4}\left(2n\sin\frac{\pi}{2n}\right)^4\right]^{\frac{1}{2}} \times n\sin\frac{\pi}{n}.$$

这是一个二元数列. 当 m、n 以不同的方式趋于 $+\infty$ 时，$A(S_{m,n})$ 会趋于不同的极限. 例如，

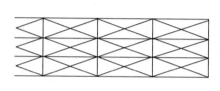 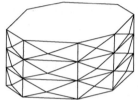

图 3.2　内接圆柱的多面体的侧表面 $S_{m,n}$

若 $m=n$，$A(S_{m,n}) \longrightarrow 2\pi$；

若 $m=n^3$，$A(S_{m,n}) \longrightarrow +\infty$；

若 $m=kn^2$（k 是常数），$A(S_{m,n}) \longrightarrow \pi(1 + \sqrt{1+k^2\pi^4})$.

所以，$A(S_{m,n})$ 作为二元数列是没有极限的. 这样，我们不能够简单地把内接多面体表面积的"极限"定义为曲面的面积，甚至于不能够把内接多面体表面积作为曲面面积的近似值. 值得注意的一个事实是

$$\varliminf_{m,n\to\infty} A(S_{m,n}) \geqslant 2\pi.$$

关于连续曲面面积的定义，H. L. 勒贝格（H. L. Lebesgue）作出了很大的贡献. 他给出的定义如下：对每一个连续

---

　* 记号 $\varliminf$ 是指下极限，即所有收敛子序列的极限的下确界.

曲面 S 都指定了一个数 $A(S)$,称为 S 的面积,要求满足以下条件:

(1)如果 S 是多面体的表面,则 $A(S)$ 是 S 的通常意义下的面积,即它等于组成 S 的各个多边形的面积之和;

(2)若有一系列曲面 $S_n \to S$,则

$$\lim_{n \to \infty} A(S_n) \geqslant A(S);$$

(3)对于每一个连续曲面 S,必能找到一串多面体的表面 P_n,使得 $P_n \to S$,并且

$$\lim_{n \to \infty} A(P_n) = A(S).$$

定义中涉及曲面序列 S_n 趋于曲面 S 的概念,后来由 M. R. 弗雷歇(M. R. Fréchet)所澄清. 在弗雷歇意义下,两块连续曲面之间的距离是这样定义的:假定两块曲面 S_1、S_2 是从单位圆盘 D 到 $\mathbf{R}^3$ 的两个连续映射的像,即

$$f_1 : D \to S_1 \subset \mathbf{R}^3,$$

$$f_2 : D \to S_2 \subset \mathbf{R}^3,$$

命

$$\delta(f_1, f_2) = \sup_{x \in D} d(f_1(x), f_2(x)),$$

其中 $d(\cdot, \cdot)$ 是 $\mathbf{R}^3$ 中的距离函数. 显然,如果 $\delta(f_1, f_2) = 0$,则 $f_1 = f_2$. 但是我们要考虑的是两个曲面的接近程度,而不是它们的参数表示的接近程度,所以需要在它们所有可能的参数表示中取 $\delta(f_1, f_2)$ 的下确界. 于是命

$$d(S_1, S_2) = \inf_T \delta(f_1, f_2 \circ T),$$

其中 T 遍历了所有的从 D 到自身的同胚,因而考虑了曲面 S_2 在 D 上的所有可能的参数的选择. $d(S_1, S_2)$ 称为曲面 S_1 和 S_2 之间的距离. 应该指出的是,在弗雷歇意义下考虑两个曲面之间的距离时,这两个曲面必须有相同的拓扑类型. 在前面的叙述中,S_1, S_2 都是与圆盘同胚的曲面.

现在,勒贝格的定义中的 $A(S)$ 可以这样取:设 $\{P_n\}$ 是任意的在弗雷歇意义下收敛于 S 的多面体表面的序列,命

$$A(S) = \inf_{\{P_n\}} \underline{\lim} A(P_n),$$

其中 $A(P_n)$ 是 P_n 在通常意义下的面积,那么 $A(S)$ 适合勒贝格定义的要求. 可以证明,当曲面 M 是连续可微的时候,上面定义的 $A(M)$ 可以表示成二重积分

$$A(M) = \int_D \sqrt{EG - F^2}\, du dv, \qquad (3.10)$$

其中 M 是由式(3.2)给出的定义在区域 $D \subset \mathbf{R}^2$ 上的连续可微的参数曲面,E、F、G 是第一基本形式的系数. 我们不打算在这里给出上述事实的证明,因为验证的过程是相当累赘的. 但是我们要指出两点,一是表达式(3.10)与曲面参数表示的选择是无关的,再就是该表达式有明显的直观意义.

假定曲面 M 有参数变换

$$\begin{cases} u = u(\tilde{u}, \tilde{v}), \\ v = v(\tilde{u}, \tilde{v}), \end{cases} \quad (\tilde{u}, \tilde{v}) \in \tilde{D}. \quad (3.11)$$

在新参数 $\tilde{u}, \tilde{v}$ 下, 曲面 M 的参数方程(3.1)成为

$$x = x(u(\tilde{u}, \tilde{v}), v(\tilde{u}, \tilde{v})),$$
$$y = y(u(\tilde{u}, \tilde{v}), v(\tilde{u}, \tilde{v})),$$
$$z = z(u(\tilde{u}, \tilde{v}), v(\tilde{u}, \tilde{v})),$$

直接计算得到

$$\tilde{E} = E\left(\frac{\partial u}{\partial \tilde{u}}\right)^2 + 2F \frac{\partial u}{\partial \tilde{u}} \cdot \frac{\partial v}{\partial \tilde{u}} + G\left(\frac{\partial v}{\partial \tilde{u}}\right)^2,$$

$$\tilde{F} = E \frac{\partial u}{\partial \tilde{u}} \cdot \frac{\partial u}{\partial \tilde{v}} + F\left(\frac{\partial u}{\partial \tilde{u}} \cdot \frac{\partial v}{\partial \tilde{v}} + \frac{\partial u}{\partial \tilde{v}} \cdot \frac{\partial v}{\partial \tilde{u}}\right) + G \frac{\partial v}{\partial \tilde{u}} \cdot \frac{\partial v}{\partial \tilde{v}},$$

$$\tilde{G} = E\left(\frac{\partial u}{\partial \tilde{v}}\right)^2 + 2F \frac{\partial u}{\partial \tilde{v}} \cdot \frac{\partial v}{\partial \tilde{v}} + G\left(\frac{\partial v}{\partial \tilde{v}}\right)^2.$$

因此

$$\sqrt{\tilde{E}\tilde{G} - \tilde{F}^2} = \sqrt{EG - F^2} \cdot \left| \frac{\partial(u, v)}{\partial(\tilde{u}, \tilde{v})} \right|, \quad (3.12)$$

其中

$$\frac{\partial(u, v)}{\partial(\tilde{u}, \tilde{v})} = \begin{vmatrix} \dfrac{\partial u}{\partial \tilde{u}} & \dfrac{\partial u}{\partial \tilde{v}} \\[2mm] \dfrac{\partial v}{\partial \tilde{u}} & \dfrac{\partial v}{\partial \tilde{v}} \end{vmatrix}$$

是参数变换(3.11)的 Jacobi 行列式, 根据二重积分的变量
替换公式, 我们有

$$\int_D \sqrt{EG - F^2} \, \mathrm{d}u\mathrm{d}v$$

$$= \int_{\tilde{D}} \sqrt{EG - F^2} \cdot \left| \frac{\partial(u,v)}{\partial(\tilde{u},\tilde{v})} \right| \mathrm{d}\tilde{u} \, \mathrm{d}\tilde{v}$$

$$= \int_{\tilde{D}} \sqrt{\tilde{E}\tilde{G} - \tilde{F}^2} \, \mathrm{d}\tilde{u} \, \mathrm{d}\tilde{v}.$$

由此可见,式(3.10)尽管是用曲面的参数方程给出的,但是它与曲面参数的选择是无关的.

式(3.10)的直观几何意义也是明显的. 首先假定曲面是连续可微的. 我们把曲面分割成互不重叠的小块曲面片,在每一个小曲面片中任意指定一点,将该曲面片向曲面在指定点的切平面作正交投影(图 3.3). 当小块曲面片的直径一致地趋于零时,这些曲面片的正交投影面积的总和趋于一个确定的极限,该极限恰好是式(3.10)右端的二重积分. 很显然,当小曲面片的直径很小时,小曲面片的正交投影的面积近似地等于小曲面片的面积.

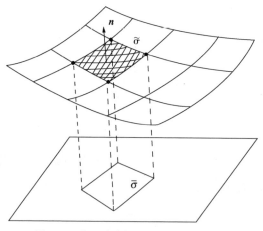

图 3.3　曲面片在切平面上的正交投影

设所考虑的小曲面片是$\tilde{\sigma}$. 适当地选取 $\mathbf{R}^3$ 中的笛卡儿直角坐标系,使得$\tilde{\sigma}$在指定点 P 的切平面恰好是 xy-平面. 设$\tilde{\sigma}$的参数方程是

$$x = x(u,v), \quad y = y(u,v), \quad z = z(u,v),$$

其中$(u,v) \in \sigma \subset D$,则$\tilde{\sigma}$在点 P 的切平面上的正交投影$\bar{\sigma}$的方程是

$$x = x(u,v), \quad y = y(u,v), \quad z = 0,$$

其中$(u,v) \in \sigma$. 当$\tilde{\sigma}$的直径充分小时,上面的方程建立了 σ 与$\bar{\sigma}$之间的一一对应,即(u,v)可以看作投影区域$\bar{\sigma}$上的曲纹坐标;所以根据二重积分的变量替换公式,$\bar{\sigma}$的面积可以表示为

$$A(\bar{\sigma}) = \int_{\bar{\sigma}} \mathrm{d}x\mathrm{d}y = \int_{\sigma} \left| \frac{\partial(x,y)}{\partial(u,v)} \right| \mathrm{d}u\mathrm{d}v.$$

注意到曲面$\tilde{\sigma}$在点 P 的法线与 z 轴重合,即

$$(\boldsymbol{r}_u \times \boldsymbol{r}_v)_P = \left(\frac{\partial(x,y)}{\partial(u,v)}, 0, 0 \right)_P,$$

故

$$|\boldsymbol{r}_u \times \boldsymbol{r}_v|_P = \left| \frac{\partial(x,y)}{\partial(u,v)} \right|_P.$$

于是根据曲面的法向量 $\boldsymbol{r}_u \times \boldsymbol{r}_v$ 的连续性,在$\tilde{\sigma}$上任意一点有

$$\left| \frac{\partial(x,y)}{\partial(u,v)} \right| = |\boldsymbol{r}_u \times \boldsymbol{r}_v| + \varepsilon_\sigma(u,v),$$

其中 $\varepsilon_\sigma(u,v)$ 在 σ 的直径很小时可以任意地小. 特别是, 对于任意给定的 $\varepsilon>0$, 只要分割得相当细, 从而 σ 的直径充分地小, 总可以使对于任意的 $(u,v)\in\sigma$ 有

$$|\varepsilon_\sigma(u,v)|<\varepsilon.$$

因而

$$A(\bar\sigma)=\int_\sigma |\boldsymbol{r}_u\times\boldsymbol{r}_v|\,dudv+\int_\sigma\varepsilon_\sigma(u,v)dudv,$$

$$\left|A(\bar\sigma)-\int_\sigma |\boldsymbol{r}_u\times\boldsymbol{r}_v|\,dudv\right|\leqslant\varepsilon\cdot A(\sigma). \quad(3.13)$$

要指出的是, 表达式 $\int_\sigma |\boldsymbol{r}_u\times\boldsymbol{r}_v|\,dudv$ 不再与 $\mathbf{R}^3$ 中笛卡儿直角坐标系的特殊取法有关, 因此由式(3.13)得到

$$\left|\sum_\sigma A(\bar\sigma)-\int_D |\boldsymbol{r}_u\times\boldsymbol{r}_v|\,dudv\right|$$

$$\leqslant\sum_\sigma\int_\sigma |\varepsilon_\sigma(u,v)|\,dudv$$

$$\leqslant\varepsilon\cdot A(D).$$

由此可见, 若用 $d(\sigma)$ 表示 σ 的直径, 则有

$$\lim_{\max d(\sigma)\to 0}\sum_\sigma A(\bar\sigma)=\int_D |\boldsymbol{r}_u\times\boldsymbol{r}_v|\,dudv. \quad(3.14)$$

但是, 由向量积的定义, 我们知道

$$|\boldsymbol{r}_u\times\boldsymbol{r}_v|=|\boldsymbol{r}_u||\boldsymbol{r}_v|\sin\angle(\boldsymbol{r}_u,\boldsymbol{r}_v)$$

$$=\sqrt{|\boldsymbol{r}_u|^2|\boldsymbol{r}_v|^2(1-\cos^2\angle(\boldsymbol{r}_u,\boldsymbol{r}_v))}$$

$$=\sqrt{EG-F^2}.$$

所以式(3.14)的右端就是式(3.10)右端的二重积分.

函数 $z=f(x,y)$ 的图像可以看作方程(3.4)给出的参数曲面,所以

$$\boldsymbol{r}_x \times \boldsymbol{r}_y = (-f_x, -f_y, 1),$$

$$|\boldsymbol{r}_x \times \boldsymbol{r}_y| = \sqrt{1+f_x^2+f_y^2},$$

故函数 $z=f(x,y),(x,y)\in D$ 的图像的面积是

$$A(M) = \int_D \sqrt{1+f_x^2+f_y^2}\,\mathrm{d}x\mathrm{d}y,$$

此即式(2.7).

面积的定义是极小曲面理论的一个根本问题.事实上,在解决 Plateau 问题及其推广的过程中,一个中心的问题就是如何处理高维子流形及其边界的相应的测度问题;几何测度论就是由此产生和发展起来的,已经成为一个很重要的理论,而且在极小子流形理论中起到十分要紧的作用.在这本小册子中我们不可能对它作简要的介绍,读者可以参考[1],[9].

四 曲面的曲率

在上一章我们已经讨论了参数曲面上的度量,也就是曲面的第一基本形式. 利用曲面的第一基本形式,可以计算曲面上曲线的长度,在一点的两个切向量的夹角,以及计算曲面的面积. 现在,我们要简明地介绍刻画曲面形状的方法,并且叙述曲面的曲率的概念.

假定 P 是曲面 M 上的一点,π 是曲面 M 在点 P 的切平面,它的单位法向量就是曲面 M 在点 P 的单位法向量,记作 $\boldsymbol{n}$. 从直观上看,要研究曲面 M 在点 P 的形状(它是怎样弯曲的? 弯曲得厉害不厉害?),最自然的办法是将曲面 M 与切平面 π 作比较. 如果曲面 M 在点 P 的附近全部落在切平面的一侧,则曲面在该点附近的形状好像一个小山包的顶部那样凸起(或者像一只碗的底部向下凸起,参看图 4.1). 至于凸起的程度则需要测量曲面上落在点 P 附近

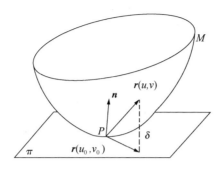

图 4.1　落在切平面一侧的曲面片

的点到点 P 处的切平面 π 的距离. 如果曲面上落在点 P 的附近落在切平面 π 的两侧, 则曲面在该点附近的形状就好像是一只马鞍子, 两头向上翘, 两边往下弯. 这种情况同样可以用落在点 P 附近的点到切平面 π 的距离来刻画. 此时, 该距离应理解为有向距离. 该距离为正, 表明该点落在切平面 π 的、由向量 $\boldsymbol{n}$ 指向的一侧. 该距离为负, 表明该点落在切平面 π 的另一侧. 具体一点说, 假定点 P 对应于参数值 (u_0, v_0), 则邻近点 $Q(u, v)$ 到点 P 处的切平面 π 的有向距离是

$$\delta = (\boldsymbol{r}(u, v) - \boldsymbol{r}(u_0, v_0)) \cdot \boldsymbol{n}(u_0, v_0). \qquad (4.1)$$

将参数方程 $\boldsymbol{r}(u, v)$ 在点 (u_0, v_0) 附近作 Taylor 展开, 我们有

$$\boldsymbol{r}(u, v) \approx \boldsymbol{r}(u_0, v_0) + (\boldsymbol{r}_u \Delta u + \boldsymbol{r}_v \Delta v)\,|_{(u_0, v_0)} +$$

$$\frac{1}{2}(\boldsymbol{r}_{uu} \Delta u^2 + 2\boldsymbol{r}_{uv} \Delta u \Delta v + \boldsymbol{r}_{vv} \Delta v^2)\,|_{(u_0, v_0)},$$

其中 $\Delta u = u - u_0, \Delta v = v - v_0$, 所以

$$\delta \approx \frac{1}{2}(L\Delta u^2 + 2M\Delta u\Delta v + N\Delta v^2), \qquad (4.2)$$

其中

$$\begin{cases} L = \boldsymbol{r}_{uu} \cdot \boldsymbol{n} \mid_{(u_0,v_0)}, \\ M = \boldsymbol{r}_{uv} \cdot \boldsymbol{n} \mid_{(u_0,v_0)}, \\ N = \boldsymbol{r}_{vv} \cdot \boldsymbol{n} \mid_{(u_0,v_0)}. \end{cases} \qquad (4.3)$$

估计式(4.2)在 L,M,N 不全为零时是成立的;当 L,M,N 全部为零时,则需要考虑 $\boldsymbol{r}(u,v)$ 的 Taylor 展开式中三次以上的项.

式(4.2)的右端启发我们引进曲面 M 的另一个二次微分形式

$$II = Ldu^2 + 2Mdudv + Ndv^2, \qquad (4.4)$$

称为曲面的第二基本形式.通过直接计算可以验证,当曲面作保持定向不变的参数变换时,第二基本形式是不变的.当曲面的定向翻转时,也就是将曲面的单位法向量 $\boldsymbol{n}$ 的指向颠倒过来(或者是将参数 u,v 的先后次序颠倒),这时,第二基本形式差一个符号.因为 II 的几何意义是 2δ 的近似值,上面所说的内容显然是正确的.

我们知道球面是完全对称的,特别是在每一点沿各个方向的弯曲程度都是一样的,即球面是各向同"弯"的.一般曲面的情况要复杂得多.但是研究曲面在每一点沿各个方向的弯曲情况显然是了解曲面形状的有效手段.我们从研究曲面上曲线的曲率做起.

假定 C 是曲面 M 上的一条曲线,它可以用曲面 M 的曲纹坐标的方程表示出来:

$$u = u(s), \quad v = v(s),$$

其中 s 是曲线 C 的弧长参数.因此,曲线 C 的切向量是

$$r'(s) = r_u \frac{\mathrm{d}u}{\mathrm{d}s} + r_v \frac{\mathrm{d}v}{\mathrm{d}s}, \tag{4.5}$$

这里 $\frac{\mathrm{d}u}{\mathrm{d}s}, \frac{\mathrm{d}v}{\mathrm{d}s}$ 恰好是切向量 $r'(s)$ 关于曲面的自然标架 $\{r; r_u, r_v\}$ 的分量.由于 s 是弧长参数,所以

$$|r'(s)| = \sqrt{E\left(\frac{\mathrm{d}u}{\mathrm{d}s}\right)^2 + 2F \frac{\mathrm{d}u}{\mathrm{d}s} \cdot \frac{\mathrm{d}v}{\mathrm{d}s} + G\left(\frac{\mathrm{d}v}{\mathrm{d}s}\right)^2} = 1. \tag{4.6}$$

将式(4.5)再微分得到曲线 C 的曲率向量

$$r''(s) = r_u \frac{\mathrm{d}^2 u}{\mathrm{d}s^2} + r_v \frac{\mathrm{d}^2 v}{\mathrm{d}s^2} + r_{uu}\left(\frac{\mathrm{d}u}{\mathrm{d}s}\right)^2 +$$

$$2r_{uv} \frac{\mathrm{d}u}{\mathrm{d}s} \cdot \frac{\mathrm{d}v}{\mathrm{d}s} + r_{vv}\left(\frac{\mathrm{d}v}{\mathrm{d}s}\right)^2.$$

根据定义,曲率向量 $r''(s)$ 的长度 $|r''(s)|$ 称为曲线 C 的曲率,记为 k.曲率 k 的几何意义是曲线 C 的切向量的方向角关于曲线弧长的改变率,因此它的大小反映了曲线 C 的方向改变的快慢程度,即曲线 C 的弯曲程度.注意到,在 $r''(s)$ 的表达式中的前两项是曲面的切向量,所以当曲率向量 $r''(s)$ 投影到曲面的单位法向量 n 上时,这两项就消失了.

于是

$$r''(s) \cdot \boldsymbol{n} = L\left(\frac{\mathrm{d}u}{\mathrm{d}s}\right)^2 + 2M\frac{\mathrm{d}u}{\mathrm{d}s}\frac{\mathrm{d}v}{\mathrm{d}s} + N\left(\frac{\mathrm{d}v}{\mathrm{d}s}\right)^2.$$

我们把 $r''(s) \cdot \boldsymbol{n}$ 称为落在曲面 M 上的曲线 C 的法曲率,记为 k_n. 结合式(4.6),我们可以把法曲率 k_n 表示为

$$\begin{aligned} k_n &= \frac{L\mathrm{d}u^2 + 2M\mathrm{d}u\mathrm{d}v + N\mathrm{d}v^2}{\mathrm{d}s^2} \\ &= \frac{L\mathrm{d}u^2 + 2M\mathrm{d}u\mathrm{d}v + N\mathrm{d}v^2}{E\mathrm{d}u^2 + 2F\mathrm{d}u\mathrm{d}v + G\mathrm{d}v^2}. \end{aligned} \tag{4.7}$$

从这个表达式知道法曲率 k_n 实际上与曲线 C 没有多大的联系,它只是曲面在一点的切方向 $\dfrac{\mathrm{d}u}{\mathrm{d}v}$ 的函数,曲面上两条相切于点 P 的曲线 C_1, C_2,在点 P 有相同的法曲率. 在曲面的已知点 (u_0, v_0) 给定一个切方向 $\dfrac{\mathrm{d}u}{\mathrm{d}v} = \lambda$(对应的切向量是 $(\lambda r_u + r_v)|_{(u_0, v_0)}$),则曲面上与该切方向相切的曲线有无穷多条,其中最简单的一条是切向量 $(\lambda r_u + r_v)|_{(u_0, v_0)}$ 与法向量 $\boldsymbol{n}(u_0, v_0)$ 张成的平面 π 与曲面 M 的交线 $\tilde{C}$(图 4.2). 曲线 $\tilde{C}$ 是一条平面曲线,它在平面 π 内的法向量正好是曲面的法向量 $\boldsymbol{n}(u_0, v_0)$. 我们把曲线 $\tilde{C}$ 称为曲面 M 在点 (u_0, v_0) 沿切方向 $\dfrac{\mathrm{d}u}{\mathrm{d}v} = \lambda$ 的法截线. 由于平面 π 内的曲线 $\tilde{C}$ 的曲率向量与 $\tilde{C}$ 在 π 内的法向量是共线的,所以 $\tilde{C}$ 在点 (u_0, v_0)

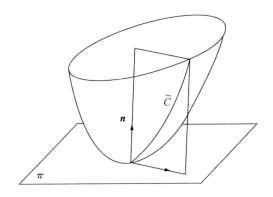

图 4.2　法截线

的曲率向量在 $n(u_0,v_0)$ 上的投影恰好是曲线 $\tilde{C}$ 的相对曲率,即曲面在点 (u_0,v_0) 沿切方向 $\dfrac{\mathrm{d}u}{\mathrm{d}v}$ 的法曲率恰好是该切方向决定的法截线在该点的相对曲率. 由此可见,法曲率形象地刻画了曲面沿对应的切方向的弯曲情况:法曲率的符号表明曲面沿该切方向弯向单位法向量 n 所指的哪一侧;法曲率的绝对值反映了曲面沿该切方向弯曲的程度. 另外,只要在一点沿某切方向的法曲率不等于零,则法截线在该点附近必定落在切平面的同一侧;法截线穿过切平面的情形只发生在法曲率为零的时候.

　　关于法曲率的上述解释,实际上给出了一种了解曲面形状的直观方法,即通过观察曲面的各个剖面线(法截线)的形状来了解曲面的形状. 这正是欧拉研究曲面所采用的方法. 欧拉进一步发现,在曲面上一个给定点,沿各个切方向的法曲率之间有一定的联系,这个关系式就是现在所称的 Euler 公式. 下面我们要导出这个 Euler 公式.

不妨假定在给定点 P 的附近取参数系 (u,v), 使得参数曲线网在点 P 是彼此正交的(显然, 这总是能做到的), 即在点 P 有 $\boldsymbol{r}_u \cdot \boldsymbol{r}_v = 0$, 或 $F=0$. 假设切方向 $(\mathrm{d}u, \mathrm{d}v)$, 即切向量 $\boldsymbol{r}_u \mathrm{d}u + \boldsymbol{r}_v \mathrm{d}v$ 与 u-曲线的切向量 $\boldsymbol{r}_u$ 的夹角是 θ, 则有

$$\cos\theta = \frac{\boldsymbol{r}_u \mathrm{d}u + \boldsymbol{r}_v \mathrm{d}v}{|\boldsymbol{r}_u \mathrm{d}u + \boldsymbol{r}_v \mathrm{d}v|} \cdot \frac{\boldsymbol{r}_u}{|\boldsymbol{r}_u|}$$

$$= \frac{\sqrt{E}\,\mathrm{d}u}{\sqrt{E\mathrm{d}u^2 + G\mathrm{d}v^2}},$$

因而

$$\sin\theta = \frac{\sqrt{G}\,\mathrm{d}v}{\sqrt{E\mathrm{d}u^2 + G\mathrm{d}v^2}}.$$

于是曲面在点 P 沿切方向 $(\mathrm{d}u, \mathrm{d}v)$ 的法曲率是

$$k_n = \frac{L\mathrm{d}u^2 + 2M\mathrm{d}u\mathrm{d}v + N\mathrm{d}v^2}{E\mathrm{d}u^2 + G\mathrm{d}v^2}$$

$$= \frac{L}{E}\cos^2\theta + 2\frac{M}{\sqrt{EG}}\cos\theta\sin\theta + \frac{N}{G}\sin^2\theta.$$

在 P 点, E, G, L, M, N 都是确定的数值, 所以上式明确地把法曲率 k_n 表示为方向角 θ 的函数, 它还可以改写为

$$k_n = \frac{1}{2}\left(\frac{L}{E} - \frac{N}{G}\right)\cos 2\theta + \frac{M}{\sqrt{EG}}\sin 2\theta + \frac{1}{2}\left(\frac{L}{E} + \frac{N}{G}\right).$$

如果 $\left(\frac{1}{2}\left(\frac{L}{E} - \frac{N}{G}\right), \frac{M}{\sqrt{EG}}\right) \neq 0$, 则有 $2\theta_0$ 使得

$$\cos 2\theta_0 = \frac{\frac{1}{2}\left(\frac{L}{E} - \frac{N}{G}\right)}{\sqrt{\frac{1}{4}\left(\frac{L}{E} - \frac{N}{G}\right)^2 + \frac{M^2}{EG}}},$$

$$\sin 2\theta_0 = \frac{\frac{M}{\sqrt{EG}}}{\sqrt{\frac{1}{4}\left(\frac{L}{E} - \frac{N}{G}\right)^2 + \frac{M^2}{EG}}},$$

于是

$$k_n = \sqrt{\frac{1}{4}\left(\frac{L}{E} - \frac{N}{G}\right)^2 + \frac{M^2}{EG}}\cos 2(\theta - \theta_0) + \qquad (4.8)$$
$$\frac{1}{2}\left(\frac{L}{E} + \frac{N}{G}\right).$$

由此可见,当 $\theta = \theta_0$ 或 $\theta_0 + \pi$ 时,k_n 取最大值:

$$k_1 = \frac{1}{2}\left(\frac{L}{E} + \frac{N}{G}\right) + \sqrt{\frac{1}{4}\left(\frac{L}{E} - \frac{N}{G}\right)^2 + \frac{M^2}{EG}}\ ; \quad (4.9)$$

当 $\theta = \theta_0 + \frac{\pi}{2}$ 或 $\theta_0 + \frac{3\pi}{2}$ 时,k_n 取最小值:

$$k_2 = \frac{1}{2}\left(\frac{L}{E} + \frac{N}{G}\right) - \sqrt{\frac{1}{4}\left(\frac{L}{E} - \frac{N}{G}\right)^2 + \frac{M^2}{EG}}. \quad (4.10)$$

我们把曲面在点 P 的最大法曲率 k_1 和最小法曲率 k_2 称为曲面在点 P 的主曲率,对应的切方向($\theta = \theta_0, \theta_0 + \frac{\pi}{2}, \theta_0 + \pi,$ $\theta_0 + \frac{3\pi}{2}$)称为曲面在点 P 的主方向. 用 k_1, k_2 代入公式 (4.8)得到

$$k_n = k_1 \cos^2(\theta - \theta_0) + k_2 \sin^2(\theta - \theta_0), \quad (4.11)$$

此即 Euler 公式.

如果 $\left(\dfrac{1}{2}\left(\dfrac{L}{E} - \dfrac{N}{G} \right), \dfrac{M}{\sqrt{EG}} \right) = 0$, 则得

$$k_n = \frac{1}{2}\left(\frac{L}{E} + \frac{N}{G} \right),$$

它与切方向 θ 无关. 这时, 曲面的主方向是不确定的. 这样的点称为曲面的脐点.

　　令

$$H = \frac{1}{2}(k_1 + k_2), \quad K = k_1 k_2, \quad (4.12)$$

分别称为曲面在点 P 的平均曲率和 Gauss 曲率. 根据 k_1, k_2 的表达式 (4.9) 和 (4.10), 在 $F = 0$ 时我们有 H 和 K 的表达式

$$H = \frac{1}{2}\left(\frac{L}{E} + \frac{N}{G} \right),$$

$$K = \frac{LN - M^2}{EG}.$$

　　要强调指出的是, 我们在上面计算曲面在点 P 的主曲率 k_1, k_2, 平均曲率 H 和 Gauss 曲率 K 时, 预先假定参数曲线网在点 P 是正交的, 即在点 P 有 $F = 0$. 如果去掉这个假定, 则不难导出

$$H = \frac{LG - 2MF + NE}{2(EG - F^2)}, \quad (4.13)$$

$$K = \frac{LN - M^2}{EG - F^2},\qquad (4.14)$$

而主曲率 k_1, k_2 是二次方程

$$\lambda^2 - 2H\lambda + K = 0$$

的根,所以

$$k_1 = H + \sqrt{H^2 - K},$$
$$k_2 = H - \sqrt{H^2 - K}. \qquad (4.15)$$

把 Euler 公式和用法曲率描写曲面在一点的形状的方法结合起来,我们观察到曲面上存在两种不同类型的点:杯点和鞍点. 如果曲面在点 P 的两个主曲率 k_1, k_2 同号,即 Gauss 曲率 $K > 0$,则在该点沿任意切方向的法曲率 k_n 与 k_1、k_2 也同号,因此曲面在点 P 的所有法截线(在点 P 的附近)全部是朝切平面的同一侧弯曲的,曲面在点 P 附近的形状就好像是一只酒杯的底部. 这种点称为杯点(或椭圆点). 球面、椭球面、椭圆抛物面、双叶双曲面上的点都是杯点.

如果曲面在点 P 的两个主曲率 k_1、k_2 不同号,即 Gauss 曲率 $K < 0$,则从 Euler 公式知道:当方向角 θ 从主方向 θ_0 开始逐渐增大时,k_1 的大小起主要作用,因而 $k_n(\theta)$ 与 k_1 同号;但是,当 θ 到达某个角度 $\bar{\theta}$ 时,k_1 和 k_2 的影响便势均力敌,即 $|k_1| \cdot \cos^2(\bar{\theta} - \theta_0) = |k_2| \sin^2(\bar{\theta} - \theta_0)$,因而

$k_n(\bar{\theta})=0$；当 θ 越过这个角度 $\bar{\theta}$ 继续增大时，$k_n(\theta)$ 的符号便与 k_2 同号；周而复始. 此时，曲面在点 P 附近的形状就像是一个山口. 假定山口在点 P 的切平面是水平的，那么在点 P 的左右两侧是向上延伸的山坡，而在点 P 的前后是越过山口的山路，以点 P 为山路的最高点. 这种点称为鞍点（或双曲点）. 曲面在鞍点 P 的切平面与曲面的交线是交于点 P 的两条曲线. 单叶双曲面、双曲抛物面上的点都是鞍点.

有一种形象地表示 Euler 公式的方法，就是所谓的Dupin 标形. 若命

$$x = \frac{1}{\sqrt{|k_n|}}\cos(\theta-\theta_0),$$

$$y = \frac{1}{\sqrt{|k_n|}}\sin(\theta-\theta_0),$$

则 Euler 公式成为

$$k_1 x^2 + k_2 y^2 = \mathrm{sign}k_n.$$

在椭圆点，上述方程的图形是椭圆；在双曲点，上述方程的图形是两对彼此共轭的双曲线；在抛物点（$k=0$ 的点），相应的图形或者不存在（此时两个主曲率皆为零），或者是一对平行直线（此时只有一个主曲率为零）.

Gauss 曲率 K 的名称就告诉我们这个量与 C. F. 高斯（C. F. Gauss）的研究成果有联系. 事实上，高斯是从另外一

个角度去描写曲面的弯曲程度的；他的方法现在称为
Gauss 映射，在曲面论及一般子流形的研究中是十分有用
的工具.

设 M 是一张光滑的参数曲面，在它的每一点有一个确
定的单位法向量 $n(u,v)$. 如果把这些向量的起点都移到空
间 $\mathbf{R}^3$ 的坐标原点，则它们的终点落在 $\mathbf{R}^3$ 中以原点为中心
的单位球面 Σ 上，于是我们得到从曲面 M 到单位球面 Σ 的
映射. 这个映射就是 Gauss 映射. 据说，高斯的这种想法受
到他曾经从事过的大地测量工作的启示. 高斯观察到曲面
的弯曲程度可以用曲面在 Gauss 映射下的像的面积与曲面
本身的面积之比来衡量. 这种看法实际上是曲线的曲率概
念在曲面情形的直接推广. 高斯发现，若 D 是曲面 M 上围
绕点 P 的一个邻域，$\tilde{D}$ 是 D 在 Gauss 映射下的像，则 $\tilde{D}$ 的面
积与 D 的面积之比在 D 收敛为点 P 时的极限恰好是曲面
M 在点 P 的两个主曲率乘积的绝对值. 因此，高斯观察到
的曲面的弯曲量就是 Gauss 曲率.

为了说明这一点，我们不妨设 (u,v) 给出的参数曲线
网在点 P 是彼此正交的，即 F 在 P 点为零. Gauss 映射像
$n(u,v)$ 可以看成单位球面 Σ 的参数方程（当 $K\neq 0$ 时，这在
局部上是对的），则 n_u, n_v 是球面 Σ 的切向量，它们与向量
n 正交，因而 n_u、n_v 与曲面的切平面平行. 于是可以设

$$n_u = \alpha r_u + \beta r_v,$$

$$\boldsymbol{n}_v = \gamma \boldsymbol{r}_u + \delta \boldsymbol{r}_v.$$

为了求系数 $\alpha, \beta, \gamma, \delta$，只要分别用 $\boldsymbol{r}_u$、$\boldsymbol{r}_v$ 去点乘上面两式，并注意到 $F=0$ 的假设，故有

$$\alpha = -\frac{L}{E}, \quad \beta = -\frac{M}{G},$$

$$\gamma = -\frac{M}{E}, \quad \delta = -\frac{N}{G}.$$

因此

$$\begin{aligned} \boldsymbol{n}_u \times \boldsymbol{n}_v &= \frac{LN - M^2}{EG}(\boldsymbol{r}_u \times \boldsymbol{r}_v) \\ &= K(\boldsymbol{r}_u \times \boldsymbol{r}_v). \end{aligned} \quad (4.16)$$

由此可得 $\tilde{D}$ 的面积为

$$\begin{aligned} A(\tilde{D}) &= \int |\boldsymbol{n}_u \times \boldsymbol{n}_v| \, \mathrm{d}u\mathrm{d}v \\ &= \int |K| \cdot |\boldsymbol{r}_u \times \boldsymbol{r}_v| \, \mathrm{d}u\mathrm{d}v \\ &= |K(P')| \cdot A(D), \end{aligned}$$

其中 $P' \in D$. 让 D 收缩为点 P，则得

$$\lim_{D \to P} \frac{A(\tilde{D})}{A(D)} = |K(P)|. \quad (4.17)$$

主曲率的乘积 $K = k_1 k_2$ 之所以称为 Gauss 曲率的更重要原因是高斯发现了 K 的一个惊人的性质:它可以用曲面的第一基本形式的系数 E, F, G 计算出来,而不需要第二基本形式的系数 L, M, N. 要比较简单地写出这个表达式,我

们用曲面上的正交参数曲线网,即 $F \equiv 0$,这时 Gauss 曲率的公式是

$$K = -\frac{1}{\sqrt{EG}} \left\{ \left(\frac{(\sqrt{E})_v}{\sqrt{G}} \right)_v + \left(\frac{(\sqrt{G})_u}{\sqrt{E}} \right)_u \right\}. \quad (4.18)$$

在一般参数系下,Gauss 曲率用第一基本形式系数表示的公式要复杂得多.高斯得到的这个结论经过了关于球面三角学的大量计算.即使是现在,我们要导出公式(4.18)仍需花一番周折,故在此略去推导过程.读者可参考[25].

高斯的这个发现是微分几何发展史上的里程碑,它开创了曲面上度量本身所蕴含的几何学的研究,是当前公认的空间模式——Riemann 空间研究的先驱.高斯本人把这个结果称为绝妙的定理(Theorema Egregium,拉丁文),确实是一点也不过分的.高斯的这个定理至少告诉我们两点:如果两个曲面有相同的第一基本形式,不管它们在 $\mathbf{R}^3$ 中的形状如何,它们的 Gauss 曲率(两个主曲率的乘积)总是相同的;例如柱面和锥面的 Gauss 曲率都是零,因为它们的第一基本形式和平面是一样的(在直观上,柱面和锥面都可以展开成平面而不需要作任何的伸缩变换).另一方面,具有一定的第一基本形式的曲面本身就蕴含着一定的弯曲性质,不能在空间 $\mathbf{R}^3$ 中随意地安放;例如,平面的 Gauss 曲率是零,而 $\mathbf{R}^3$ 中半径为 a 的球面上法曲率是常数 $\frac{1}{a}$,所以它

的 Gauss 曲率是 $\dfrac{1}{a^2}$. 因此,要把平面不作伸缩地、严丝合缝地盖在球面上是做不到的. 对这个事实我们在用纸糊灯笼时就已经有体验了.

最后,我们来看一下函数 $z=f(x,y)$ 的图像的平均曲率、Gauss 曲率的表达式. 在第三章中已经指出,函数 $z=f(x,y)$ 的图像可以看作以下的参数曲面

$$\boldsymbol{r}=(x,y,f(x,y)). \tag{4.19}$$

直接微分得

$$\boldsymbol{r}_x=(1,0,f_x),$$
$$\boldsymbol{r}_y=(0,1,f_y),$$
$$\boldsymbol{r}_x\times\boldsymbol{r}_y=(-f_x,-f_y,1),$$

因此曲面的单位法向量是

$$\boldsymbol{n}=\left(-\frac{f_x}{\sqrt{1+f_x^2+f_y^2}},-\frac{f_y}{\sqrt{1+f_x^2+f_y^2}},\frac{1}{\sqrt{1+f_x^2+f_y^2}}\right),$$

第一基本形式和第二基本形式的系数分别是

$$E=1+f_x^2,\quad F=f_xf_y,\quad G=1+f_y^2,$$
$$L=\frac{f_{xx}}{\sqrt{1+f_x^2+f_y^2}},\quad M=\frac{f_{xy}}{\sqrt{1+f_x^2+f_y^2}},$$
$$N=\frac{f_{yy}}{\sqrt{1+f_x^2+f_y^2}}.$$

所以曲面的平均曲率是

$$H = \frac{LG - 2MF + NE}{2(EG - F^2)}$$

$$= \frac{1}{2(1 + f_x^2 + f_y^2)^{3/2}} \big[(1 + f_y^2) f_{xx} - 2 f_x f_y f_{xy} +$$

$$(1 + f_x^2) f_{yy} \big], \tag{4.20}$$

Gauss 曲率是

$$K = \frac{LN - M^2}{EG - F^2} = \frac{f_{xx} f_{yy} - f_{xy}^2}{(1 + f_x^2 + f_y^2)^2}. \tag{4.21}$$

比较 H 的表达式 (4.20) 和拉格朗日的极小曲面方程 (2.14) 可知, 方程 (2.14) 等价于

$$H = 0. \tag{4.22}$$

这是完全几何化的条件, 与表示曲面的方式是无关的. 因此我们给极小曲面下一个正式的定义:

$\mathbf{R}^3$ 中平均曲率恒等于零的曲面称为极小曲面.

在下一章我们要导出参数曲面面积的变分公式, 容易看到曲面的平均曲率 H 在其中担任一个主要角色.

五 再论极小曲面方程

对于正则参数曲面来说，它的每一点都有一个充分小的邻域可以表示为某个函数的图像. 实际上，由参数曲面

$$\boldsymbol{r} = (x(u,v), y(u,v), z(u,v))$$

的正则性可知下面的三个 Jacobi 行列式

$$\frac{\partial(y,z)}{\partial(u,v)}, \frac{\partial(z,x)}{\partial(u,v)}, \frac{\partial(x,y)}{\partial(u,v)}$$

总是不会同时取零值的. 不妨设在点 (u_0, v_0) 有

$$\left. \frac{\partial(x,y)}{\partial(u,v)} \right|_{(u_0,v_0)} \neq 0,$$

则在 (u_0, v_0) 的某个邻域 $U \subset D$ 内，上面的行列式处处不为零；于是根据反函数定理，在某个邻域 $U' \subset U$ 内，(u,v) 可以表示为 (x,y) 的函数

$$u = \varphi(x,y), \quad v = \psi(x,y), \quad (x,y) \in V \subset \mathbf{R}^2,$$

使得在 $(u,v) \in U'$ 时，有

$$\varphi(x(u,v),y(u,v)) = u,$$
$$\psi(x(u,v),y(u,v)) = v,$$

以及

$$x(\varphi(x,y),\psi(x,y))=x,$$
$$y(\varphi(x,y),\psi(x,y))=y,$$

成立. 因此, (x,y) 可以作为曲面定义在邻域 U' 上的部分的参数, 所以这部分曲面就是函数

$$z = z(\varphi(x,y),\psi(x,y))$$

的图像.

另外, 既然我们要寻求的曲面的面积当曲面在它邻近作任意的保持边界不动的变形时取最小值, 因此当我们把曲面的变形限制在任意一点的一个邻域内而保持曲面的其余部分不动时曲面的面积仍然应当取最小值.

把上面两个事实结合起来, 再加上函数图像的极小曲面方程的几何解释 (参看第二章、第四章), 我们得到:设 M 是定义在区域 $D \subset \mathbf{R}^2$ 上的正则参数曲面. 如果对于 M 的任意一个保持边界不动的变形 M_t, 都有

$$A(M) \leqslant A(M_t),$$

则曲面 M 的平均曲率 H 必恒等于零, 即 M 是一个极小曲面.

在本章, 我们要对参数曲面的一般形式重新推导其面积的第一变分公式, 原因不是单纯地为了重新得到上面的结论, 而是要熟悉推导变分公式的技巧, 并且想从整片曲面

面积的变分公式得到更多一些结论.

假定正则参数曲面 M 由定义在区域 D 上的参数方程

$$\boldsymbol{r} = (x(u,v), y(u,v), z(u,v)) \qquad (5.1)$$

给出.如同本书第二章所说,所谓曲面 M 的一个变分是指如下给出的可微映射

$$\boldsymbol{r}^* : D \times (-\varepsilon, \varepsilon) \rightarrow \mathbf{R}^3,$$

$$\boldsymbol{r}^*(u,v,t) = (x^*(u,v,t), y^*(u,v,t), z^*(u,v,t)),$$
$$\qquad (5.2)$$

使得

$$\boldsymbol{r}^*(u,v,0) = \boldsymbol{r}(u,v), \; \forall\, (u,v) \in D. \qquad (5.3)$$

所谓上述变分保持 M 的边界不动是指:当 $(u,v) \in \partial D$, $t \in (-\varepsilon, \varepsilon)$ 时恒有

$$\boldsymbol{r}^*(u,v,t) = \boldsymbol{r}(u,v). \qquad (5.4)$$

我们还可以要求,对于任意固定的 $t \in (-\varepsilon, \varepsilon)$,参数方程 $\boldsymbol{r}^*(u,v,t)$ 给出一个定义在 D 上的正则参数曲面 M_t(在区域 $\overline{D}$ 紧致的时候,当 $\varepsilon > 0$ 充分小时,这总是能做到的).我们用 E_t, F_t, G_t 记参数曲面 M_t 的第一基本形式的系数,因而

$$E_0 = E, \quad F_0 = F, \quad G_0 = G$$

是曲面 M 的第一基本形式的系数.所以 M_t 的面积是

$$A(M_t) = \int_D \sqrt{E_t G_t - F_t^2}\, \mathrm{d}u\mathrm{d}v. \qquad (5.5)$$

我们要计算的是 $\dfrac{\mathrm{d}}{\mathrm{d}t}\Big|_{t=0} A(M_t)$.

设

$$W(u,v) = \frac{\partial}{\partial t} \boldsymbol{r}^*(u,v,t)\Big|_{t=0}, \qquad (5.6)$$

这是定义在曲面 M 上的一个向量场,称为变分向量场. 自然,变分向量场 $\boldsymbol{W}(u,v)$ 是变分 $\boldsymbol{r}^*(u,v,t)$ 关于参数 t 的一次近似,即

$$\boldsymbol{r}^*(u,v,t) = \boldsymbol{r}(u,v) + t\boldsymbol{W}(u,v) + t^2\boldsymbol{Z}(u,v,t),$$
$$(5.7)$$

其中 $|\boldsymbol{Z}(u,v,t)|$ 是有界量. 如果变分 $\boldsymbol{r}^*(u,v,t)$ 有固定的边界,则

$$\boldsymbol{W}(u,v)\,|_{\partial D} = 0. \qquad (5.8)$$

将式(5.5)对参数 t 直接微分得到

$$\frac{\mathrm{d}}{\mathrm{d}t}\Big|_{t=0} A(M_t) = \int_D \frac{1}{2\sqrt{EG-F^2}} \cdot$$

$$\left(G \cdot \frac{\partial E_t}{\partial t}\Big|_{t=0} + E \cdot \frac{\partial G_t}{\partial t}\Big|_{t=0} - 2F \frac{\partial F_t}{\partial t}\Big|_{t=0} \right) \mathrm{d}u\mathrm{d}v.$$

为计算 $\dfrac{\partial E_t}{\partial t}\Big|_{t=0}, \dfrac{\partial G_t}{\partial t}\Big|_{t=0}, \dfrac{\partial F_t}{\partial t}\Big|_{t=0}$,只要对式(5.7)求微分,我们有

$$\boldsymbol{r}_u^* = \boldsymbol{r}_u + t\boldsymbol{W}_u + t^2\boldsymbol{Z}_u,$$
$$\boldsymbol{r}_v^* = \boldsymbol{r}_v + t\boldsymbol{W}_v + t^2\boldsymbol{Z}_v.$$

因此

$$\frac{\partial E_t}{\partial t}\Big|_{t=0} = 2\boldsymbol{r}_u^* \cdot \frac{\partial \boldsymbol{r}_u^*}{\partial t}\Big|_{t=0} = 2\boldsymbol{r}_u \cdot \boldsymbol{W}_u,$$

$$\frac{\partial G_t}{\partial t}\Big|_{t=0} = 2\boldsymbol{r}_v^* \cdot \frac{\partial \boldsymbol{r}_v^*}{\partial t}\Big|_{t=0} = 2\boldsymbol{r}_v \cdot \boldsymbol{W}_v,$$

$$\frac{\partial F_t}{\partial t}\Big|_{t=0} = \Big(\boldsymbol{r}_u^* \cdot \frac{\partial \boldsymbol{r}_v^*}{\partial t} + \boldsymbol{r}_v^* \cdot \frac{\partial \boldsymbol{r}_u^*}{\partial t}\Big)_{t=0}$$

$$= \boldsymbol{r}_u \cdot \boldsymbol{W}_v + \boldsymbol{r}_v \cdot \boldsymbol{W}_u$$

代入 $\dfrac{\mathrm{d}}{\mathrm{d}t}\Big|_{t=0} A(M_t)$ 的表达式得

$$\frac{\mathrm{d}}{\mathrm{d}t}\Big|_{t=0} A(M_t)$$

$$= \int_D \frac{1}{\sqrt{EG - F^2}} \big[G(\boldsymbol{r}_u \cdot \boldsymbol{W}_u) - F(\boldsymbol{r}_u \cdot \boldsymbol{W}_v + \boldsymbol{r}_v \cdot \boldsymbol{W}_u) +$$

$$E(\boldsymbol{r}_v \cdot \boldsymbol{W}_v) \big] \mathrm{d}u \mathrm{d}v$$

$$= \int_D \Big(\frac{G\boldsymbol{r}_u - F\boldsymbol{r}_v}{\sqrt{EG - F^2}} \cdot \boldsymbol{W}_u + \frac{-F\boldsymbol{r}_u + E\boldsymbol{r}_v}{\sqrt{EG - F^2}} \cdot \boldsymbol{W}_v \Big) \mathrm{d}u \mathrm{d}v$$

下面,利用分部积分可以把被积表达式中的变分向量场 $\boldsymbol{W}$ 从它的微分中解脱出来(这是求变分问题的 Euler-Lagrange 方程的一般步骤). 实际上,我们看到

$$\frac{G\boldsymbol{r}_u - F\boldsymbol{r}_v}{\sqrt{EG - F^2}} \cdot \boldsymbol{W}_u = \Big(\frac{G\boldsymbol{r}_u - F\boldsymbol{r}_v}{\sqrt{EG - F^2}} \cdot \boldsymbol{W} \Big)_u - \Big(\frac{G\boldsymbol{r}_u - F\boldsymbol{r}_v}{\sqrt{EG - F^2}} \Big)_u \cdot \boldsymbol{W},$$

$$\frac{-F\boldsymbol{r}_u + E\boldsymbol{r}_v}{\sqrt{EG - F^2}} \cdot \boldsymbol{W}_v$$

$$= \Big(\frac{-F\boldsymbol{r}_u + E\boldsymbol{r}_v}{\sqrt{EG - F^2}} \cdot \boldsymbol{W} \Big)_v - \Big(\frac{-F\boldsymbol{r}_u + E\boldsymbol{r}_v}{\sqrt{EG - F^2}} \Big)_v \cdot \boldsymbol{W}.$$

利用 Green 公式(参看第二章中公式(2.11)),我们有

$$\frac{\mathrm{d}}{\mathrm{d}t}\Big|_{t=0} A(M_t)$$

$$=\int_{\partial D} -\left(\frac{-F\boldsymbol{r}_u + E\boldsymbol{r}_v}{\sqrt{EG-F^2}}\right)\cdot \boldsymbol{W}\mathrm{d}u + \left(\frac{G\boldsymbol{r}_u - F\boldsymbol{r}_v}{\sqrt{EG-F^2}}\right)\cdot \boldsymbol{W}\mathrm{d}v -$$

$$\int_D \left[\left(\frac{G\boldsymbol{r}_u - F\boldsymbol{r}_v}{\sqrt{EG-F^2}}\right)_u + \left(\frac{-F\boldsymbol{r}_u + E\boldsymbol{r}_v}{\sqrt{EG-F^2}}\right)_v\right]\cdot \boldsymbol{W}\mathrm{d}u\mathrm{d}v.$$

由于变分有固定的边界,$\boldsymbol{W}|_{\partial D}=0$,故右端在边界$\partial D$上的积分为零.将右端的第二个积分的被积表达式展开得

$$\frac{\mathrm{d}}{\mathrm{d}t}\Big|_{t=0} A(M_t)$$

$$=-\int_D \frac{1}{\sqrt{EG-F^2}}(G\boldsymbol{r}_{uu} - 2F\boldsymbol{r}_{uv} + E\boldsymbol{r}_{vv})\cdot \boldsymbol{W}\mathrm{d}u\mathrm{d}v -$$

$$\int_D \left\{\left[\left(\frac{G}{\sqrt{EG-F^2}}\right)_u - \left(\frac{F}{\sqrt{EG-F^2}}\right)_v\right](\boldsymbol{r}_u \cdot \boldsymbol{W}) +$$

$$\left[\left(\frac{E}{\sqrt{EG-F^2}}\right)_v - \left(\frac{F}{\sqrt{EG-F^2}}\right)_u\right](\boldsymbol{r}_v \cdot \boldsymbol{W})\right\}\mathrm{d}u\mathrm{d}v.$$

因为 $\boldsymbol{W}$ 是定义在曲面 M 上的向量场,它可以用曲面 M 上的自然标架场$\{\boldsymbol{r};\boldsymbol{r}_u,\boldsymbol{r}_v,\boldsymbol{n}\}$表示出来,设

$$\boldsymbol{W} = f(u,v)\boldsymbol{r}_u + g(u,v)\boldsymbol{r}_v + h(u,v)\boldsymbol{n}. \quad (5.9)$$

容易证明,$\boldsymbol{W}$ 在曲面上的切分量对于面积的第一变分公式没有影响,有效的只是 $\boldsymbol{W}$ 关于曲面的法分量.事实上,我们有下面两个恒等式:

$$\frac{G\boldsymbol{r}_{uu}-2F\boldsymbol{r}_{uv}+E\boldsymbol{r}_{vv}}{\sqrt{EG-F^2}}\cdot\boldsymbol{r}_u+\left[\left(\frac{G}{\sqrt{EG-F^2}}\right)_u-\left(\frac{F}{\sqrt{EG-F^2}}\right)_v\right]E+$$

$$\left[\left(\frac{E}{\sqrt{EG-F^2}}\right)_v-\left(\frac{F}{\sqrt{EG-F^2}}\right)_u\right]F=0,$$

$$\frac{G\boldsymbol{r}_{uu}-2F\boldsymbol{r}_{uv}+E\boldsymbol{r}_{vv}}{\sqrt{EG-F^2}}\cdot\boldsymbol{r}_v+\left[\left(\frac{G}{\sqrt{EG-F^2}}\right)_u-\left(\frac{F}{\sqrt{EG-F^2}}\right)_v\right]F+$$

$$\left[\left(\frac{E}{\sqrt{EG-F^2}}\right)_v-\left(\frac{F}{\sqrt{EG-F^2}}\right)_u\right]G=0.$$

这两个式子只是稍许复杂一点的直接计算的结果. 实际上,由于

$$\boldsymbol{r}_{uu}\cdot\boldsymbol{r}_u=\frac{1}{2}(\boldsymbol{r}_u\cdot\boldsymbol{r}_u)_u=\frac{1}{2}E_u,$$

$$\boldsymbol{r}_{uv}\cdot\boldsymbol{r}_u=\frac{1}{2}(\boldsymbol{r}_u\cdot\boldsymbol{r}_u)_v=\frac{1}{2}E_v,$$

$$\boldsymbol{r}_{vv}\cdot\boldsymbol{r}_u=(\boldsymbol{r}_v\cdot\boldsymbol{r}_u)_v-\frac{1}{2}(\boldsymbol{r}_v\cdot\boldsymbol{r}_v)_u=F_v-\frac{1}{2}G_u,$$

同理,

$$\boldsymbol{r}_{uu}\cdot\boldsymbol{r}_v=F_u-\frac{1}{2}E_v,$$

$$\boldsymbol{r}_{uv}\cdot\boldsymbol{r}_v=\frac{1}{2}G_u,\boldsymbol{r}_{vv}\cdot\boldsymbol{r}_v=\frac{1}{2}G_v,$$

将它们代入前面两式的左端,化简之后即得所要的恒等式.

这样,所求的变分公式成为

$$\frac{\mathrm{d}}{\mathrm{d}t}\bigg|_{t=0}A(M_t)$$

$$=-\int_D \frac{h}{\sqrt{EG-F^2}}(G\boldsymbol{r}_{uu}-2F\boldsymbol{r}_{uv}+E\boldsymbol{r}_{vv})\cdot\boldsymbol{n}\mathrm{d}u\mathrm{d}v$$

$$=-2\int_D \frac{GL-2FM+EN}{2(EG-F^2)}\cdot h\,\sqrt{EG-F^2}\,\mathrm{d}u\mathrm{d}v$$

$$=-2\int(\boldsymbol{W}\cdot\boldsymbol{n})H\,\sqrt{EG-F^2}\,\mathrm{d}u\mathrm{d}v.$$

由此可见,对于曲面面积的第一变分有贡献的仅仅是变分向量场 $\boldsymbol{W}$ 在曲面的法向量 $\boldsymbol{n}$ 上的分量. 换言之,在考虑曲面 M 的面积与邻近曲面的面积相比较是否达到最小值的问题时只需要考虑曲面沿法向量方向的变形就可以了. 这个结论在第二章的推导过程中是不容易看出来的.

上面得到的结果可以叙述如下:对于定义在区域 D 上的正则参数曲面 M 的任意一个保持边界不动的变分 M_t,其面积 $A(M_t)$ 在 $t=0$ 处的导数是

$$\frac{\mathrm{d}}{\mathrm{d}t}\Big|_{t=0}A(M_t)=-2\int_M(\boldsymbol{W}\cdot\boldsymbol{n})H*1_M, \quad (5.10)$$

其中 H 是 M 的平均曲率,$\boldsymbol{W}$ 是变分向量场,$\boldsymbol{n}$ 是曲面 M 的单位法向量,$*1_M=\sqrt{EG-F^2}\,\mathrm{d}u\mathrm{d}v$ 是 M 的面积元素. 式 (5.10) 称为曲面面积的第一变分公式.

如果平均曲率 H 在某点 (u_0,v_0) 不为零,则有 (u_0,v_0) 的邻域 $U\subset D$,使得 H 在 U 上处处不为零. 不妨设 $\overline{U}$ 是紧致的,并且有开集 V,使得 $\overline{U}\subset V$,且 $\overline{V}\subset D$. 这样,存在非负光滑函数 $\varphi:D\to\mathbf{R}$,使得 $\varphi|_U\equiv1,\varphi|_{D\backslash V}\equiv0$. 所以 $\boldsymbol{W}=\varphi H\boldsymbol{n}$ 是

M 的某个保持边界不动的变分向量场. 由式(5.10)得到

$$\frac{\mathrm{d}}{\mathrm{d}t}\bigg|_{t=0} A(M_t) = -2\int_M \varphi \cdot H^2 * 1_M$$

$$\leqslant -2\int_U H^2 * 1_M < 0.$$

由此可见,只要 H 在某点不等于零,则曲面必有某个保持边界不动的变分,使得变形曲面的面积变小. 因此,要 M 的面积在 M 的任何保持边界不动的变分中取最小值,必须有 $H \equiv 0$. 这正是本章开始所叙述的一个断言.

反过来,如果 M 是一个极小曲面,即平均曲率 $H \equiv 0$,则未必能保证 M 的面积对于保持边界不动的任何变分都取最小值. 这里的情形与判断可微函数在一点是否达到极值的问题是一样的,即可微函数某点的一阶导数为零是函数在该点达到极小值(或极大值)的必要条件,而不是充分条件. 所以,我们把 $H \equiv 0$ 的曲面定义为极小曲面,未必是名实相符的. 要判定一个极小曲面在与它邻近曲面相比较时其面积是否真的达到最小值,还需要看 $\dfrac{\mathrm{d}^2}{\mathrm{d}t^2}\bigg|_{t=0} A(M_t)$ 是否大于零.

经过直接计算,我们得到:设 M 是定义在区域 D 上的极小曲面,则对于 M 的保持边界不动的变分 M_t 有

$$\frac{\mathrm{d}^2 A(M_t)}{\mathrm{d}t^2}\bigg|_{t=0} = \int_M h(-\Delta h + 2hK) * 1_M, \quad (5.11)$$

其中 h 是变分向量场 W 在曲面 M 的单位法向量 n 上的分量，K 是曲面 M 的 Gauss 曲率，$\triangle$ 是曲面 M 上的 Laplace 算子.

式(5.11)称为曲面面积的第二变分公式. 具体的推导过程在此略去了.

如果极小曲面 M 对于任意的保持边界不动的变分 M_t，都有 $\left.\dfrac{\mathrm{d}^2}{\mathrm{d}t^2}\right|_{t=0} A(M_t) > 0$，则称 M 为稳定的极小曲面. 怎么样的一块极小曲面是稳定的？这是一个很有意思的问题，很多几何学家对这个问题作过研究，尤其是巴西数学家 J. L. M. 巴尔博萨(J. L. M. Barbosa)和 M. 杜卡莫(M. do Carmo)对此作过系统的研究. 他们的一个结论是(参看[2])：

设 D 是极小曲面 M 上的一个区域. 若 D 在 Gauss 映射下的像的面积比半个单位球面的面积(2π)来得小，则 D 是稳定的.

另外，任意给定 $\varepsilon > 0$，则在悬链面上总是可以截出一块区域 D，使得 D 在 Gauss 映射下的像的面积介于 2π 与 $2\pi + \varepsilon$ 之间，而 D 却不是稳定的. 这说明巴尔博萨和杜卡莫的这个判别准则已经是相当好的了.

巴尔博萨和杜卡莫的结果说明：在高斯的意义下总体说来弯曲得不太厉害的一块极小曲面是稳定的；特别是，在极小曲面上任意一点都有一个邻域 D,使得这块极小曲面 D 是稳定的,即它是可以用肥皂膜来实现的.

巴尔博萨和杜卡莫的结果还说明:用函数图像给出的极小曲面(所谓的极小图),必定是稳定的,因为极小图的 Gauss 映射的像在半球面内.其实,可以直接证明:对于边界相同的图而言,极小图的面积最小.

至于其 Gauss 映射下的像的面积等于 2π 的极小曲面何时是稳定的? 这是一个很微妙的问题.这种稳定的极小曲面是有的,例如定义在单位圆 $u^2+v^2\leqslant 1$ 上的 Enneper 极小曲面(在第七章中对这种曲面进行了详细的讨论)是稳定的,其证明可参看[26].

最后我们需要指出,虽然极小曲面的概念是与有确定边界的面积最小的曲面联系在一起的,但是极小曲面的正式定义是平均曲率恒为零的曲面.这种曲面不再要求有确定的边界,或者根本没有边界,或者伸向无穷远处.比如,一张无限延伸的平面,两头都向无穷远处延伸的悬链面等都是极小曲面.根据曲面面积的第一变分公式及 Barbosa-do Carmo 的结果,极小曲面的变分性质应该这样叙述:曲面 M 是一张极小曲面,当且仅当它的每一个点都有一个邻域 U,使得对于 U 的保持边界不动的任意一个变分而言 U 的面积最小.总之,按照极小曲面的正式定义,极小曲面的条件完全是一个局部性的条件.然而,极小曲面理论特别吸引人的部分却是有关极小曲面的全局性的问题,在本书的后半部分,我们将会作一些介绍和解释.

我们在本章推导曲面面积的第一变分公式的过程中,充分利用了曲面的外围空间是欧氏空间的特殊性,把曲面的方程及其变分都用向量函数表示出来(参看式(5.7)).这样做的一个原因是使所用的数学工具、数学概念尽可能地少一点,使计算更简单、更直截了当一点,以便为更多的读者所接受.事实上,本章所考虑的问题完全可以用于一般的黎曼空间的子流形.直观上,所谓的流形就是可以引进局部坐标系的拓扑空间,而且要求坐标变换函数是无限次连续可微的.比如,在参数曲面上,每一点是由参数值 (u, v) 确定的,因此曲面是流形的一个例子.欧氏空间也是流形.在流形上每一点可以定义切向量的概念,这些切向量的全体构成的集合称为流形在该点的切空间.那么,所谓的黎曼流形就是以连续可微的方式在每一点的切空间内指定了一个正定的内积的流形;这样,在黎曼流形上,切向量的长度是有意义的,曲线的长度也是可以计算的.此外,黎曼流形上的体积元素也是可以定义的(其实,曲面的第一基本形式是曲面在每一点的切空间内的正定内积,因而第一基本形式恰好是曲面上的一个黎曼度量,此时曲面作为黎曼流形的体积元素就是原先所定义的曲面的面积元素 $\sqrt{EG - F^2}\, du dv$).如果 N 是一个黎曼流形,M 是 N 中的一

个子流形,则 N 的黎曼度量就诱导出 M 上的黎曼度量,那么 M 的体积就定义为 M 的体积元素在 M 上的积分. 现在,关于曲面面积的变分问题就转化为子流形 M 的体积的变分问题:让 M 作保持边界 ∂M 不动的变分,即考虑单参数子流形族 M_t,使得 $\partial M_t = \partial M$,且 $M_0 = M$. 用 $V(M_t)$ 表示子流形 M_t 的体积. M 的体积的第一变分公式就是微商 $\left.\dfrac{\mathrm{d}}{\mathrm{d}t}\right|_{t=0} V(M_t)$ 的表达式. 同理可以计算 M 的体积的第二变分公式 $\left.\dfrac{\mathrm{d}^2}{\mathrm{d}t^2}\right|_{t=0} V(M_t)$. 这些变分公式及其推导过程可参看[6]、[27],我们不在此赘述了. 根据体积的第一变分公式,对于 M 的任意变分使 M 的体积达到极小值的必要条件是 M 的平均曲率向量为零. 所谓黎曼流形中的极小子流形就是平均曲率向量为零的子流形. 黎曼流形中的极小子流形是在 20 世纪 60 年代以后发展起来的课题,几何内容比较丰富的是一些特殊的黎曼空间(例如,球面、射影空间、复射影空间等)内的极小子流形理论,读者可以通过前面提到的两本书了解有关的进展.

六　极小曲面的 Weierstrass 公式

　　极小曲面理论与许多数学分支有密切的联系. 前面各章的讨论说明了极小曲面是几何变分问题的一个重要的例子. 另外,极小曲面方程是非线性偏微分方程的一个典型例子,引起了分析方面的重要研究. 本章我们要指出极小曲面与复变函数论有密切的联系. 从极小曲面理论的发展和现状来看,复变函数论在其中起着不可替代的作用,原因是魏尔斯特拉斯发现了极小曲面方程用复变函数给出的通解,即所谓的 Weierstrass 公式,从而揭示了极小曲面与全纯函数、亚纯函数之间的本质联系. 当然,Weierstrass 公式的重要功用还是通过近期的一系列重要进展和研究成果表现出来的.

　　关于曲面论的一个特别重要的事实是,在有向的正则曲面上可以引进复坐标,而且当两个复坐标域有彼此重叠的部分时,这两种复坐标之间有互为全纯函数(或称复解析函数)的关系. 用现代的语言说, 有向的正则曲面是一个一维复流形. 至于在有向正则曲面上可以引进复坐标的根据在于曲面上存在局部的等温参数系.

在第三章, 我们对于正则参数曲面

$$r = r(u,v), \quad (u,v) \in D \subset \mathbf{R}^2$$

定义了第一基本形式

$$\mathrm{I} = E\mathrm{d}u^2 + 2F\mathrm{d}u\mathrm{d}v + G\mathrm{d}v^2,$$

其中 E, F, G 恰好是自然标架的切向量 r_u, r_v 的度量系数, 即

$$E = r_u \cdot r_u, \quad F = r_u \cdot r_v, \quad G = r_v \cdot r_v.$$

如果 $F \equiv 0$, 并且 $E \equiv G$, 则我们称 (u,v) 为曲面的等温参数系.

在等温参数系 (u,v) 下, 自然标架的切向量 r_u, r_v 是彼此正交的, 并且它们的长度相等. 此时, 曲面的第一基本形式成为

$$\mathrm{I} = \lambda(\mathrm{d}u^2 + \mathrm{d}v^2).$$

其中

$$\lambda = E(u,v) = G(u,v) > 0.$$

我们知道 (u,v) 本来是区域 $D \subset \mathbf{R}^2$ 内的笛卡儿直角坐标系, 平面区域 D 本身的第一基本形式是

$$\mathrm{d}u^2 + \mathrm{d}v^2.$$

我们所考虑的曲面实际上是从 D 到 $\mathbf{R}^3$ 内的一个映射, 所

以,(u,v) 是曲面上的等温参数系的意思是上面的映射是保角的,即在每一点 (u,v) 的两个切向量的夹角在映射下保持不变,并且在该点的各个方向的切向量长度在映射下按照同一个比例系数 $\lambda(u,v)$ 伸缩.顺便提一下,既然每一个有向正则曲面在局部上总是存在等温参数系的,因此任意两个正则曲面在局部上都是彼此成保角对应的.这是二维曲面特有的性质.

在正则曲面上等温参数系的存在性最早是由高斯指出的.1822 年,高斯在假定曲面的参数表示 $r=r(u,v)$ 是 u,v 的实解析函数的情形下,证明了曲面在任意一点的某个邻域内存在等温参数系.他的证明用了一点在解析的情形才有效的技巧,即以复值解析函数为系数的一次微分式的积分因子的存在性.后来,许多数学家对这个问题继续作深入的研究,逐渐降低了对于曲面的参数方程的可微性的要求.到目前为止,最好的结果(条件最弱的结果)是这样的:

如果曲面的第一基本形式的系数 E,F,G 是参数 u,v 的 C^α 类函数$(0<\alpha<1)$[①],则在曲面的每一点的邻域内存在 $C^{1+\alpha}$ 类的等温参数系(等温参数是原参数 u,v 的 $C^{1+\alpha}$ 类

---

① 函数 $f:\mathbf{R}^k\to\mathbf{R}$ 称为在 $U\subset\mathbf{R}^k$ 内是 C^α 类的,如果存在常数 c,使得对于任意的 $p,q\in U$ 成立不等式
$$|f(p)-f(q)|\leqslant c\cdot|p-q|^\alpha,$$
即 f 是 α-Hölder 连续的.称函数 f 是 $C^{n+\alpha}$ 类的,如果 f 有阶数 $\leqslant n$ 的各个偏导数,并且它的所有 n 阶偏导数是 C^α 函数.

函数);若 E,F,G 是 $C^{n+\alpha}$ 函数,则等温参数系是 $C^{n+1+\alpha}$ 类的.特别地,若 E,F,G 是光滑函数,则在曲面上存在局部的光滑的等温参数系.

此外,如果仅假定 E,F,G 是 u、v 的连续函数,则 C^1 类的等温参数系是未必存在的.

陈省身给出过等温参数系存在性的一个初等的证明,可参看[5]. 令人惊异的是,在极小曲面的情形,我们可以直接写出从已知参数系过渡到等温参数系的参数变换;因此在极小曲面上等温参数的存在性是一目了然的,不必依赖前面所介绍的存在性定理.

设 M 是 $\mathbf{R}^3$ 中一块极小曲面,因此在适当选取空间的笛卡儿直角坐标系之后,曲面 M 在任意一个固定点的附近可以表示为函数 $z=f(x,y)$ 的图像,其中 $(x,y)\in D\subset\mathbf{R}^2$. 我们已经假定曲面 M 是三次以上连续可微的,故函数 $f(x,y)$ 是三次以上连续可微的,并且满足极小曲面方程

$$(1+f_y^2)f_{xx} - 2f_x f_y f_{xy} + (1+f_x^2)f_{yy} = 0.$$

在本书第二章的最后已经提到过,上面的方程可以改写为

$$\frac{\partial}{\partial x}\left(\frac{1+f_y^2}{\sqrt{1+f_x^2+f_y^2}}\right) = \frac{\partial}{\partial y}\left(\frac{f_x f_y}{\sqrt{1+f_x^2+f_y^2}}\right),$$

$$\frac{\partial}{\partial x}\left(\frac{f_x f_y}{\sqrt{1+f_x^2+f_y^2}}\right) = \frac{\partial}{\partial y}\left(\frac{1+f_x^2}{\sqrt{1+f_x^2+f_y^2}}\right).$$

根据一阶偏微分方程的可积性定理,在 D 上(在必要时可

将 D 缩小一点)存在三次以上连续可微函数 $S(x,y)$, $T(x,y)$ 满足方程

$$\frac{\partial T}{\partial x} = \frac{f_x f_y}{\sqrt{1+f_x^2+f_y^2}}, \quad \frac{\partial T}{\partial y} = \frac{1+f_y^2}{\sqrt{1+f_x^2+f_y^2}},$$

$$\frac{\partial S}{\partial x} = \frac{1+f_x^2}{\sqrt{1+f_x^2+f_y^2}}, \quad \frac{\partial S}{\partial y} = \frac{f_x f_y}{\sqrt{1+f_x^2+f_y^2}},$$

在 D 上可以作如下的参数变换：

$$\begin{cases} u = x + S(x,y), \\ v = y + T(x,y). \end{cases} \tag{6.1}$$

因为

$$\frac{\partial u}{\partial x} = 1 + \frac{1+f_x^2}{\sqrt{1+f_x^2+f_y^2}}, \quad \frac{\partial u}{\partial y} = \frac{f_x f_y}{\sqrt{1+f_x^2+f_y^2}},$$

$$\frac{\partial v}{\partial x} = \frac{f_x f_y}{\sqrt{1+f_x^2+f_y^2}}, \quad \frac{\partial v}{\partial y} = 1 + \frac{1+f_y^2}{\sqrt{1+f_x^2+f_y^2}},$$

上述参数变换的 Jacobi 行列式是

$$J = \begin{vmatrix} \dfrac{\partial u}{\partial x} & \dfrac{\partial u}{\partial y} \\[2mm] \dfrac{\partial v}{\partial x} & \dfrac{\partial v}{\partial y} \end{vmatrix} = 2 + \frac{2+f_x^2+f_y^2}{\sqrt{1+f_x^2+f_y^2}} > 0, \tag{6.2}$$

所以 $(x,y) \mapsto (u,v)$ 是曲面容许的保持定向的参数变换. 下面我们以 (u,v) 为参数，直接计算曲面的第一基本形式.

曲面 M 的以 (u,v) 为参数的参数方程是

$$\boldsymbol{r} = (x(u,v), y(u,v), f(x(u,v), y(u,v))),$$

其中 $x(u,v), y(u,v)$ 是函数 $u(x,y), v(x,y)$ 的反函数. 注意到反函数的 Jacobi 矩阵是原来的函数的 Jacobi 矩阵的逆矩阵, 所以

$$
\begin{pmatrix} \dfrac{\partial x}{\partial u} & \dfrac{\partial x}{\partial u} \\[2mm] \dfrac{\partial y}{\partial u} & \dfrac{\partial y}{\partial v} \end{pmatrix} = \frac{1}{J} \cdot \begin{pmatrix} 1 + \dfrac{1+f_y^2}{\sqrt{1+f_x^2+f_y^2}} & - \dfrac{f_x f_y}{\sqrt{1+f_x^2+f_y^2}} \\[4mm] - \dfrac{f_x f_y}{\sqrt{1+f_x^2+f_y^2}} & 1 + \dfrac{1+f_x^2}{\sqrt{1+f_x^2+f_y^2}} \end{pmatrix}
$$

由于

$$
\boldsymbol{r}_u = \left(\frac{\partial x}{\partial u}, \frac{\partial y}{\partial u}, f_x \frac{\partial x}{\partial u} + f_y \frac{\partial y}{\partial u} \right),
$$

$$
\boldsymbol{r}_v = \left(\frac{\partial x}{\partial v}, \frac{\partial y}{\partial v}, f_x \frac{\partial x}{\partial v} + f_y \frac{\partial y}{\partial v} \right),
$$

直接计算得

$$
E = (1 + f_x^2) \left(\frac{\partial x}{\partial u} \right)^2 + 2 f_x f_y \frac{\partial x}{\partial u} \frac{\partial y}{\partial u} + (1 + f_y^2) \left(\frac{\partial y}{\partial u} \right)^2
$$

$$
= \frac{\sqrt{1+f_x^2+f_y^2}}{J},
$$

$$
F = (1 + f_x^2) \frac{\partial x}{\partial u} \frac{\partial x}{\partial v} + f_x f_y \left(\frac{\partial x}{\partial u} \frac{\partial y}{\partial v} + \frac{\partial x}{\partial v} \frac{\partial y}{\partial u} \right) +
$$

$$
(1 + f_y^2) \frac{\partial y}{\partial u} \frac{\partial y}{\partial v} = 0,
$$

$$
G = (1 + f_x^2) \left(\frac{\partial x}{\partial v} \right)^2 + 2 f_x f_y \frac{\partial x}{\partial v} \frac{\partial y}{\partial v} + (1 + f_y^2) \left(\frac{\partial y}{\partial v} \right)^2
$$

$$
= \frac{\sqrt{1+f_x^2+f_y^2}}{J},
$$

因此(u,v)确实是该极小曲面片上的等温参数系. 值得注意的是,在上面的推演过程中只用到十分初等的运算和初等的定理;变换(6.1)是 J. C. C. 尼切(J. C. C. Nitsche)给出的.

对于曲面上的等温参数系(u,v),引进复变量 $w=u+\sqrt{-1}\,v$,则 w 是极小曲面上的局部复坐标系. 重要的是,如果 M 在有重叠部分的两个区域上分别有等温参数系(u,v)和$(\tilde{u},\tilde{v})$,命 $\tilde{w}=\tilde{u}+\sqrt{-1}\,\tilde{v}$,则在这个区域的重叠部分,复坐标 $\tilde{w}$ 是 w 的全纯函数,反过来 w 也是 $\tilde{w}$ 的全纯函数. 实际上,由于(u,v),$(\tilde{u},\tilde{v})$都是等温参数系,故在公共区域上有

$$\mathrm{I}=\lambda(\mathrm{d}u^2+\mathrm{d}v^2)=\tilde{\lambda}(\mathrm{d}\tilde{u}^2+\mathrm{d}\tilde{v}^2),$$

其中 $\lambda,\tilde{\lambda}>0$. 所以

$$\rho(\mathrm{d}u^2+\mathrm{d}v^2)=\mathrm{d}\tilde{u}^2+\mathrm{d}\tilde{v}^2$$
$$=\left[\left(\frac{\partial\tilde{u}}{\partial u}\right)^2+\left(\frac{\partial\tilde{v}}{\partial u}\right)^2\right]\mathrm{d}u^2+\left(\frac{\partial\tilde{u}}{\partial u}\frac{\partial\tilde{u}}{\partial v}+\frac{\partial\tilde{v}}{\partial u}\frac{\partial\tilde{v}}{\partial v}\right)\mathrm{d}u\mathrm{d}v+$$
$$\left[\left(\frac{\partial\tilde{u}}{\partial v}\right)^2+\left(\frac{\partial\tilde{v}}{\partial v}\right)^2\right]\mathrm{d}v^2,$$

故有

$$\left(\frac{\partial\tilde{u}}{\partial u}\right)^2+\left(\frac{\partial\tilde{v}}{\partial u}\right)^2=\left(\frac{\partial\tilde{u}}{\partial v}\right)^2+\left(\frac{\partial\tilde{v}}{\partial v}\right)^2=\rho,$$

$$\frac{\partial\tilde{u}}{\partial u}\frac{\partial\tilde{u}}{\partial v}+\frac{\partial\tilde{v}}{\partial u}\frac{\partial\tilde{v}}{\partial v}=0,$$

其中 $\rho=\dfrac{\lambda}{\tilde{\lambda}}>0$. 由此可见,Jacobi 矩阵是

$$\left(\begin{matrix} \dfrac{\partial \tilde{u}}{\partial u} & \dfrac{\partial \tilde{u}}{\partial v} \\[3mm] \dfrac{\partial \tilde{v}}{\partial u} & \dfrac{\partial \tilde{v}}{\partial v} \end{matrix}\right) = \sqrt{\rho} \cdot \boldsymbol{T},$$

其中 $\boldsymbol{T}$ 是一个 2 阶正交矩阵. 由于 M 的有向性, 从 (u,v) 到 $(\tilde{u}, \tilde{v})$ 的参数变换是保持定向的, 所以

$$\boldsymbol{T} = \left(\begin{matrix} \cos \theta & \sin \theta \\ -\sin \theta & \cos \theta \end{matrix}\right),$$

这意味着

$$\frac{\partial \tilde{u}}{\partial u} = \frac{\partial \tilde{v}}{\partial v}, \quad \frac{\partial \tilde{u}}{\partial v} = -\frac{\partial \tilde{v}}{\partial u}. \tag{6.3}$$

上面的方程正好是函数

$$\tilde{u} = \tilde{u}(u, v), \quad \tilde{v} = \tilde{v}(u, v)$$

的 Cauchy-Riemann 方程, 故复坐标 $\tilde{w}$ 写成 w 的函数时是复解析函数, 或全纯函数. 同时, 这也说明参数变换 $(u,v) \mapsto (\tilde{u}, \tilde{v})$ 必定是实解析的.

一般地, 如果 M 是一个 Hausdorff 拓扑空间, 并且 M 上的每一个点都有一个邻域能够与复平面上的一个开区域建立同胚关系, 那么通过上述同胚关系在这个邻域内建立了复坐标系. 再进一步, 如果 M 上有非空交集的两个复坐标域上的复坐标变换都是全纯的, 则我们称 M 是一维复流形, 或称 M 是一个黎曼曲面. 依照这个说法, 空间 $\mathbf{R}^3$ 中任意一个有向的正则曲面都是一个黎曼曲面. 在研究曲面的

时候,引进复坐标系常常可以使问题变得比较简单.

现在假定 M 是用等温参数 u,v 表示的一块曲面 $r = r(u,v)$,其中 (u,v) 的定义域 D 是 $\mathbf{R}^2$ 内的一个区域,其第一基本形式为

$$\mathrm{I} = \lambda(\mathrm{d}u^2 + \mathrm{d}v^2).$$

设复坐标为

$$w = u + \sqrt{-1}\,v, \qquad (6.4)$$

并且引进复化的偏微分算子

$$\frac{\partial}{\partial w} = \frac{1}{2}\left(\frac{\partial}{\partial u} - \sqrt{-1}\,\frac{\partial}{\partial v}\right), \qquad (6.5)$$

$$\frac{\partial}{\partial \overline{w}} = \frac{1}{2}\left(\frac{\partial}{\partial u} + \sqrt{-1}\,\frac{\partial}{\partial v}\right).$$

若 f 是定义在 D 上的可微函数,则

$$\begin{aligned}
\mathrm{d}f &= \frac{\partial f}{\partial u}\mathrm{d}u + \frac{\partial f}{\partial v}\mathrm{d}v \\
&= \frac{\partial f}{\partial u} \cdot \frac{1}{2}(\mathrm{d}w + \mathrm{d}\overline{w}) + \frac{\partial f}{\partial v} \cdot \frac{1}{2\sqrt{-1}}(\mathrm{d}w - \mathrm{d}\overline{w}) \\
&= \frac{\partial f}{\partial w}\mathrm{d}w + \frac{\partial f}{\partial \overline{w}}\mathrm{d}\overline{w}.
\end{aligned} \qquad (6.6)$$

这个公式表明,可微函数 $f(u,v)$ 可以看成变量 $w,\overline{w}$ 的函数,而微分 $\mathrm{d}f$ 可以展开成 $\mathrm{d}w,\mathrm{d}\overline{w}$ 的一次形式,其系数是形式偏导数 $\dfrac{\partial f}{\partial w}$ 和 $\dfrac{\partial f}{\partial \overline{w}}$,函数 f 是全纯函数的条件是 f 的实部和虚部满足 Cauchy-Riemann 方程

$$\frac{\partial(\operatorname{Re} f)}{\partial u} = \frac{\partial(\operatorname{Im} f)}{\partial v}, \quad \frac{\partial(\operatorname{Re} f)}{\partial v} = -\frac{\partial(\operatorname{Im} f)}{\partial u},$$

这等价于

$$\frac{\partial f}{\partial \overline{w}} = \frac{1}{2}\left[\left(\frac{\partial \operatorname{Re} f}{\partial u} + \sqrt{-1}\,\frac{\partial \operatorname{Im} f}{\partial u}\right) + \right.$$
$$\left. \sqrt{-1}\left(\frac{\partial \operatorname{Re} f}{\partial v} + \sqrt{-1}\,\frac{\partial \operatorname{Im} f}{\partial v}\right)\right]$$
$$= 0.$$

由此可见,全纯函数 f 有关于 w 的导数,并且

$$\frac{\mathrm{d}f}{\mathrm{d}w} = \frac{\partial f}{\partial w}. \tag{6.7}$$

利用上面的记号,把 $r(u,v)$ 看成向量函数,命

$$\boldsymbol{\varphi} = 2\,\frac{\partial \boldsymbol{r}}{\partial w} = \boldsymbol{r}_u - \sqrt{-1}\,\boldsymbol{r}_v, \tag{6.8}$$

它是曲面 M 的切向量 $\boldsymbol{r}_u$, $\boldsymbol{r}_v$ 的复线性组合,即 $\boldsymbol{\varphi}$ 是一个复化的切向量. 将 $\boldsymbol{\varphi}$ 对 $\overline{w}$ 求偏导数,并且利用 $\boldsymbol{r}_{uv} = \boldsymbol{r}_{vu}$,我们有

$$\frac{\partial \boldsymbol{\varphi}}{\partial \overline{w}} = \frac{1}{2}\left(\frac{\partial}{\partial u} + \sqrt{-1}\,\frac{\partial}{\partial v}\right)(\boldsymbol{r}_u - \sqrt{-1}\,\boldsymbol{r}_v)$$
$$= \frac{1}{2}(\boldsymbol{r}_{uu} + \boldsymbol{r}_{vv}). \tag{6.9}$$

容易看出 $\dfrac{\partial \boldsymbol{\varphi}}{\partial \overline{w}}$ 是曲面的法向量. 实际上

$$\frac{\partial \boldsymbol{\varphi}}{\partial \overline{w}} \cdot \boldsymbol{r}_u = \frac{1}{2}(\boldsymbol{r}_{uu} \cdot \boldsymbol{r}_u + \boldsymbol{r}_{vv} \cdot \boldsymbol{r}_u)$$

$$= \frac{1}{2} \Big[\frac{1}{2} \frac{\partial}{\partial u}(\boldsymbol{r}_u \cdot \boldsymbol{r}_u) + \frac{\partial}{\partial v}(\boldsymbol{r}_u \cdot \boldsymbol{r}_v) -$$

$$\frac{1}{2} \frac{\partial}{\partial u}(\boldsymbol{r}_v \cdot \boldsymbol{r}_v) \Big]$$

$$= 0,$$

这里用到了 (u,v) 是等温参数系的假定. 同理有

$$\frac{\partial \boldsymbol{\varphi}}{\partial \overline{w}} \cdot \boldsymbol{r}_v = 0.$$

于是 $\dfrac{\partial \boldsymbol{\varphi}}{\partial \overline{w}}$ 必定是曲面的单位法向量 $\boldsymbol{n}$ 的倍数, 该倍数是

$$\frac{\partial \boldsymbol{\varphi}}{\partial \overline{w}} \cdot \boldsymbol{n} = \frac{1}{2}(\boldsymbol{r}_{uu} \cdot \boldsymbol{n} + \boldsymbol{r}_{vv} \cdot \boldsymbol{n})$$

$$= \frac{1}{2}(L+N) = \lambda H,$$

因此

$$\frac{\partial \boldsymbol{\varphi}}{\partial \overline{w}} = \lambda H \boldsymbol{n}. \tag{6.10}$$

如果 M 是一块极小曲面, 则上式成为

$$4 \frac{\partial^2 \boldsymbol{r}}{\partial \overline{w} \partial w} = 2 \frac{\partial \boldsymbol{\varphi}}{\partial \overline{w}} = \boldsymbol{r}_{uu} + \boldsymbol{r}_{vv} = 0, \tag{6.11}$$

因此, 曲面 M 是极小曲面的充分必要条件是它的参数方程 $\boldsymbol{r}(u,v)$ 是等温参数 u,v 的调和函数. 这是魏尔斯特拉斯给出的定理. 极小曲面的这个特征把曲面的度量、面积都抛在了一边, 只突出曲面本身作为黎曼曲面的共形结构 (或保角结构). 这就是说, 定义在黎曼曲面上的极小曲面 (或极小映

射)是有意义的.这种看法在当前关于极小曲面的研究中起到实质性的作用.

式(6.11)还说明,复化切向量 $\boldsymbol{\varphi}$ 作为向量函数是复变量 w 的全纯函数.我们的目的是通过 $\boldsymbol{\varphi}$ 这样的全纯函数重建极小曲面的参数方程.我们先给出函数 $\boldsymbol{\varphi}$ 的几个性质.

将 $\boldsymbol{\varphi}$ 与它自身作内积得到

$$\boldsymbol{\varphi} \cdot \boldsymbol{\varphi} = (\boldsymbol{r}_u - \sqrt{-1}\boldsymbol{r}_v) \cdot (\boldsymbol{r}_u - \sqrt{-1}\boldsymbol{r}_v)$$
$$= |\boldsymbol{r}_u|^2 - |\boldsymbol{r}_v|^2 - 2\sqrt{-1}\boldsymbol{r}_u \cdot \boldsymbol{r}_v,$$

所以 (u,v) 是曲面 M 的等温参数的条件化为 $\boldsymbol{\varphi}$ 满足方程

$$\boldsymbol{\varphi} \cdot \boldsymbol{\varphi} = 0. \tag{6.12}$$

另外,

$$\boldsymbol{\varphi} \cdot \bar{\boldsymbol{\varphi}} = (\boldsymbol{r}_u - \sqrt{-1}\boldsymbol{r}_v) \cdot (\boldsymbol{r}_u + \sqrt{-1}\boldsymbol{r}_v)$$
$$= |\boldsymbol{r}_u|^2 + |\boldsymbol{r}_v|^2 = 2\lambda > 0, \tag{6.13}$$

这意味着函数 $\boldsymbol{\varphi}$ 不能有零点.

现在记 $\boldsymbol{\varphi}$ 的分量为 $\varphi_1,\varphi_2,\varphi_3$,即

$$\varphi_1 = x_u - \sqrt{-1}x_v,$$
$$\varphi_2 = y_u - \sqrt{-1}y_v,$$
$$\varphi_3 = z_u - \sqrt{-1}z_v,$$

则方程(6.12)成为

$$\varphi_1^2 + \varphi_2^2 + \varphi_3^2 = 0, \tag{6.14}$$

条件(6.13)成为

$$|\varphi_1|^2 + |\varphi_2|^2 + |\varphi_3|^2 \neq 0,$$

即 $\varphi_1, \varphi_2, \varphi_3$ 没有公共零点.

将式(6.14)改写成

$$(\varphi_1 + \sqrt{-1}\,\varphi_2)(\varphi_1 - \sqrt{-1}\,\varphi_2) = -\varphi_3^2,$$

命

$$f = \varphi_1 - \sqrt{-1}\,\varphi_2, \tag{6.15}$$

如果 f 恒等于零,则 $\varphi_3 \equiv 0$,故

$$z_u = z_v \equiv 0,$$

这说明 M 是平行于 xy-坐标面的一块平面. 下面假定 f 不恒等于零. 因为 f 是全纯函数,故它的零点都是孤立的. 这样,

$$g = \frac{\varphi_3}{\varphi_1 - \sqrt{-1}\,\varphi_2} \tag{6.16}$$

是 w 的亚纯函数,g 的极点是 f 的零点. 此时,从式(6.14)得到

$$\varphi_1 + \sqrt{-1}\,\varphi_2 = -\frac{\varphi_3^2}{\varphi_1 - \sqrt{-1}\,\varphi_2} = -f \cdot g^2. \tag{6.17}$$

从式(6.15)、式(6.16)、式(6.17)可以解出

$$\begin{cases} \varphi_1 = \dfrac{1}{2}f(1 - g^2), \\[2mm] \varphi_2 = \dfrac{\sqrt{-1}}{2}f(1 + g^2), \\[2mm] \varphi_3 = fg. \end{cases} \tag{6.18}$$

现在,这个过程可以倒过来. 设 f 是定义在 D 上的全纯函数,g 是定义在 D 上的亚纯函数. 如果 g 的极点集包含在 f 的零点集内,并且 g 的极点阶数的两倍不大于该点作为 f 的零点的阶数,则由式(6.18)给出的 $\varphi_1,\varphi_2,\varphi_3$ 都是 w 的全纯函数,并且它们自动地适合方程(6.14).

另外,从式(6.18)得到

$$|\varphi_1|^2+|\varphi_2|^2+|\varphi_3|^2=\frac{1}{2}|f|^2(1+|g|^2)^2,\quad(6.19)$$

所以要 $\varphi_1,\varphi_2,\varphi_3$ 没有公共零点,必须使 f 没有除 g 的极点以外的零点,并且 f 的零点的阶数不能大于该点作为 g 的极点的阶数的两倍. 把这两个方面结合起来,g 的极点集和 f 的零点集恰好是一致的,并且 g 的极点阶数的两倍等于该点作为 f 的零点的阶数.

最后,由 $\boldsymbol{\varphi}=2\dfrac{\partial\boldsymbol{r}}{\partial w}$ 得到

$$\begin{aligned}\boldsymbol{\varphi}\mathrm{d}w&=\left(\frac{\partial\boldsymbol{r}}{\partial u}-\sqrt{-1}\,\frac{\partial\boldsymbol{r}}{\partial v}\right)(\mathrm{d}u+\sqrt{-1}\,\mathrm{d}v)\\&=\left(\frac{\partial\boldsymbol{r}}{\partial u}\mathrm{d}u+\frac{\partial\boldsymbol{r}}{\partial v}\mathrm{d}v\right)+\sqrt{-1}\left(-\frac{\partial\boldsymbol{r}}{\partial v}\mathrm{d}u+\frac{\partial\boldsymbol{r}}{\partial u}\mathrm{d}v\right).\end{aligned}$$

如果已经给出了参数方程 $\boldsymbol{r}(u,v)$,则

$$\boldsymbol{r}(u,v)=\int_{(u_0,v_0)}^{(u,v)}\mathrm{d}\boldsymbol{r}=\int_{(u_0,v_0)}^{(u,v)}\frac{\partial\boldsymbol{r}}{\partial u}\mathrm{d}u+\frac{\partial\boldsymbol{r}}{\partial v}\mathrm{d}v$$

与积分的路径无关,所以积分 $\displaystyle\int\boldsymbol{\varphi}\mathrm{d}w$ 没有实周期,即对于区

域 D 内的任意一条闭路径 C,

$$\mathrm{Re}\oint_C \boldsymbol{\varphi}\mathrm{d}w = 0,$$

并且

$$r(u,v) = \mathrm{Re}\int_{w_0}^{w} \boldsymbol{\varphi}\mathrm{d}w.$$

把上面的讨论总括起来得到下面的结果:

设 $M:r=r(u,v),(u,v)\in D$ 是以 (u,v) 为等温参数系的极小曲面,并且 M 不是平行于 xy-坐标面的一块平面,则有定义在 D 上的全纯函数 f 和亚纯函数 g,f 的零点集与 g 的极点集是重合的,并且 f 的零点阶数等于该点作为 g 的极点的阶数的两倍,使得曲面 M 的参数方程 $r(u,v)$ 可以表示为

$$\begin{cases} x = \mathrm{Re}\int_{w_0}^{w} \dfrac{1}{2}f(1-g^2)\mathrm{d}w, \\[2mm] y = \mathrm{Re}\int_{w_0}^{w} \dfrac{\sqrt{-1}}{2}f(1+g^2)\mathrm{d}w, \qquad (6.20) \\[2mm] z = \mathrm{Re}\int_{w_0}^{w} fg\,\mathrm{d}w. \end{cases}$$

反过来,任意给定满足上述条件的全纯函数 f 和亚纯函数 g,只要式(6.20)右边的积分没有实周期,则式(6.20)便给出了以 (u,v) 为等温参数的极小曲面.

由此可见,式(6.20)给出了 $\mathbf{R}^3$ 中极小曲面的通解,称为极小曲面的 Weierstrass 公式,通常把式(6.20)中的函数

f, g 简称为 W-因子. 将极小曲面的坐标函数 x, y, z 表示成全纯函数 $\varphi_1, \varphi_2, \varphi_3$ 的积分表达式最早是 G. 蒙日 (G. Monge) 发现的. 把 $\varphi_1, \varphi_2, \varphi_3$ 用显式解出来则经过了许多人的努力, 其中包括施瓦茨和魏尔斯特拉斯.

Weierstrass 公式的应用十分广泛, 并且非常重要. 它不仅可以用来研究极小曲面的性质, 表示经典的极小曲面, 而且在解决极小曲面的 Plateau 问题、推广 Bernstein 定理、研究极小曲面的稳定性以及寻找极小曲面新例子的过程中扮演了一个特别突出的角色, 其中的一个原因是 W-因子 g 有明确的几何意义. 下面, 我们把极小曲面的一些基本的几何量用 W-因子 f, g 表示出来.

由式 (6.13)、式 (6.19) 知道

$$2\lambda = |\boldsymbol{\varphi}|^2 = \frac{1}{2} |f|^2 (1+|g|^2)^2, \qquad (6.21)$$

所以曲面的第一基本形式是

$$\mathrm{I} = \frac{1}{4} |f|^2 (1+|g|^2)^2 (\mathrm{d}u^2 + \mathrm{d}v^2).$$

另外, 从式 (6.8) 得到

$$\overline{\boldsymbol{\varphi}} = \boldsymbol{r}_u + \sqrt{-1}\, \boldsymbol{r}_v,$$

故有

$$\boldsymbol{r}_u = \frac{1}{2} (\boldsymbol{\varphi} + \overline{\boldsymbol{\varphi}}),$$

$$\boldsymbol{r}_v = \frac{\sqrt{-1}}{2}(\boldsymbol{\varphi} - \overline{\boldsymbol{\varphi}}),$$

$$\boldsymbol{r}_u \times \boldsymbol{r}_v = -\frac{\sqrt{-1}}{2}\boldsymbol{\varphi} \times \overline{\boldsymbol{\varphi}}.$$

式(6.18)就是

$$\boldsymbol{\varphi} = \left(\frac{1}{2}f(1-g^2), \frac{\sqrt{-1}}{2}f(1+g^2), fg\right),$$

故

$$\overline{\boldsymbol{\varphi}} = \left(\frac{1}{2}\overline{f}(1-\overline{g}^2), -\frac{\sqrt{-1}}{2}\overline{f}(1+\overline{g}^2), \overline{fg}\right),$$

直接计算得到

$$\boldsymbol{\varphi} \times \overline{\boldsymbol{\varphi}} = \frac{\sqrt{-1}}{2}|f|^2(1+|g|^2)(2\mathrm{Re}g, 2\mathrm{Im}g, |g|^2-1),$$

所以曲面的单位法向量是

$$\begin{aligned}
\boldsymbol{n} &= \frac{\boldsymbol{r}_u \times \boldsymbol{r}_v}{|\boldsymbol{r}_u \times \boldsymbol{r}_v|} \\
&= \left(\frac{2\mathrm{Re}\,g}{|g|^2+1}, \frac{2\mathrm{Im}\,g}{|g|^2+1}, \frac{|g|^2-1}{|g|^2+1}\right).
\end{aligned} \quad (6.22)$$

在复变函数论中我们已经知道单位球面可以看成复数平面加上一个无穷远点∞,后者称为扩充的复数平面.单位球面与扩充的复数平面之间是通过所谓的球极投影联系起来的,通过这种对应使得单位球面成为紧致的一维复流形,通常称这个黎曼曲面为黎曼球面.具体地说,用 P 表示单位球面Σ上的北极点$(0,0,1)$,则对于Σ上除北极点P以

外的任意一点 Q,存在唯一的一条直线 l 通过 P、Q 两点,它与赤道平面 $z=0$ 的唯一的交点 Q' 称为点 Q 在以 P 为中心的球极投影下的像. 若设点 Q 的坐标为 (x,y,z),则 Q' 的坐标为

$$\xi = \frac{x}{1-z}, \quad \eta = \frac{y}{1-z}. \qquad (6.23)$$

赤道平面上的复坐标为

$$\zeta = \xi + \sqrt{-1}\,\eta,$$

它通过球极投影成为单位球面 $\Sigma - \{P\}$ 上的复坐标. 在点 P 的邻域内,则要考虑以南极点 $P^* = (0,0,-1)$ 为中心的球极投影

$$\xi^* = \frac{x}{1+z}, \quad \eta^* = \frac{y}{1+z}. \qquad (6.24)$$

命

$$\zeta^* = \xi^* - \sqrt{-1}\,\eta^*,$$

则在 $\Sigma - \{P, P^*\}$ 内有两个复坐标 ζ, ζ^*,它们之间的关系为

$$\zeta^* = \frac{1}{\zeta}.$$

因此单位球面 Σ 是一个一维复流形.

这样,如果把单位球面 Σ 与扩充的复数平面 $\mathbf{C} \cup \{\infty\}$ 等同起来,那么 W-因子 g 恰好是极小曲面的 Gauss 映射. 事实上,极小曲面 M 上的点用复坐标 $w = u + \sqrt{-1}\,v$ 记,

则 Gauss 映射把点 w 映到单位球面 Σ 上的点

$$\boldsymbol{n} = \left(\frac{2\mathrm{Re}\ g}{|g|^2+1}, \frac{2\mathrm{Im}\ g}{|g|^2+1}, \frac{|g|^2-1}{|g|^2+1} \right).$$

g 的极点在 Gauss 映射下的像正好是北极点 P. 再通过球极投影, Gauss 映射下的像点对应于赤道平面上的点

$$\zeta = \left\{ \frac{2\mathrm{Re}\ g}{|g|^2+1} + \sqrt{-1}\ \frac{2\mathrm{Im}\ g}{|g|^2+1} \right\} \bigg/ \left\{ 1 - \frac{|g|^2-1}{|g|^2+1} \right\}$$

$$= \mathrm{Re}\ g + \sqrt{-1}\ \mathrm{Im}\ g = g(w).$$

所以极小曲面 M 的 Gauss 映射是由 $w \mapsto \zeta = g(w)$ 给出的, 它是从 M 到扩充的复数平面 $\mathbf{C} \cup \{\infty\}$ 的全纯映射.

极小曲面的 Gauss 曲率也可以用 W-因子 f, g 表示出来; 由式(4.18)得到

$$K = -\frac{1}{\lambda} \left(\frac{\partial^2}{\partial u^2} + \frac{\partial^2}{\partial v^2} \right) \ln \sqrt{\lambda}$$

$$= -\frac{2}{\lambda} \frac{\partial}{\partial w} \frac{\partial}{\partial \overline{w}} \ln \lambda.$$

由式(6.21)得到

$$\ln \lambda = \ln \frac{1}{4} + \ln |f|^2 + 2\ln(1+|g|^2).$$

所以

$$K = -\left[\frac{4\,|g'|}{|f|\,(1+|g|^2)^2} \right]^2. \tag{6.25}$$

上式告诉我们极小曲面 M 上的 Gauss 曲率 $K \leqslant 0$, 并且 Gauss 曲率 K 为零的点正好是 $g'(w)$ 的零点.

七 经典极小曲面的 Weierstrass 表示

在上一章我们已经知道,Weierstrass 表示公式给出了 $\mathbf{R}^3$ 中极小曲面的通解,因此对于 $\mathbf{R}^3$ 中的极小曲面都能找到它们的 W-因子 f,g.

例 1 悬链面

设 $D=\mathbf{C}, f(w)=\mathrm{e}^w, g(w)=\mathrm{e}^{-w}$. 这是两个定义在复平面 $\mathbf{C}$ 上无零点的全纯函数. 按照公式(6.18),

$$
\begin{cases}
\varphi_1 = \dfrac{1}{2}\mathrm{e}^w(1-\mathrm{e}^{-2w}) = \mathrm{sh}\ w, \\[2mm]
\varphi_2 = \dfrac{\sqrt{-1}}{2}\mathrm{e}^w(1+\mathrm{e}^{-2w}) = \sqrt{-1}\,\mathrm{ch}\ w, \\[2mm]
\varphi_3 = fg = 1.
\end{cases}
$$

因为 $\varphi_1,\varphi_2,\varphi_3$ 是单连通区域 D 上的全纯函数,由 Cauchy 定理知道它们在 D 内可求长闭路径上的积分为零,即 φ_1, φ_2,φ_3 没有周期,它们的积分与路径无关. 计算得到

$$\begin{cases} x = \mathrm{Re} \displaystyle\int_0^w \mathrm{sh}\, w \mathrm{d}w = \mathrm{ch}\, u \cos v - 1, \\[2mm] y = \mathrm{Re} \displaystyle\int_0^w \sqrt{-1}\, \mathrm{ch}\, w \mathrm{d}w = - \mathrm{ch}\, u \sin v, \quad (7.1) \\[2mm] z = \mathrm{Re} \displaystyle\int_0^w \mathrm{d}w = u. \end{cases}$$

这正好是悬链面 $(x+1)^2 + y^2 = \mathrm{ch} z$ 的参数方程(参看彩页,图 2.3).

固定 v 的值,得到曲面上一条经线,它与实数轴 $-\infty < u < +\infty$ 有一一对应. 固定 u 的值,则 z 的值不变,而 x、y 是变量 v 的周期为 2π 的函数,因此实数轴 $-\infty < v < +\infty$ 将曲面上的纬圆覆盖了无限多次. 由此可见,方程(7.1)给出了区域 $D = \mathbf{C}$ 在悬链面上的无限多次覆盖. 在直观上,我们可以把复平面 $\mathbf{C}$ 沿着虚轴方向卷起来成为一个圆柱面,它与悬链面是同胚的,而且式(7.1)给出了从这个圆柱面到悬链面的共形变换. 事实上,悬链面的第一基本形式为

$$\mathrm{d}s^2 = \mathrm{ch}^2 u (\mathrm{d}u^2 + \mathrm{d}v^2), \quad (7.2)$$

它的 Gauss 曲率是

$$K = - \left[\frac{4 \mid g' \mid}{\mid f \mid (1 + \mid g \mid^2)^2} \right]^2 = - \frac{1}{\mathrm{ch}^4 u}. \quad (7.3)$$

由此可见 $K \leqslant 0$,并且共形度量

$$\sqrt{-K}\, \mathrm{d}s^2 = \mathrm{d}u^2 + \mathrm{d}v^2$$

是平坦的(这个性质称为极小曲面的度量应该满足的 Ricci

条件).

函数 $g=\mathrm{e}^{-w}$ 是悬链面的 Gauss 映射,它取不到扩充的复数平面 $\mathbf{C}\cup\{\infty\}$ 上的 $0,\infty$ 两个值,即取不到单位球面上的南极点和北极点.

例 2　正螺旋面

仍然设 $D=\mathbf{C},f(w)=-\sqrt{-1}\mathrm{e}^{w},g(w)=\mathrm{e}^{-w}$. 因此

$$\varphi_1=-\sqrt{-1}\,\mathrm{sh}\,w,\quad \varphi_2=\mathrm{ch}\,w,\quad \varphi_3=-\sqrt{-1}.$$

这三个函数在单连通区域 D 上是全纯的,故它们没有周期,即它们的积分与路径无关. 直接积分得到

$$\begin{cases} x=\mathrm{Re}\int_0^w -\sqrt{-1}\,\mathrm{sh}\,w\mathrm{d}w=\mathrm{sh}\,u\sin v, \\ y=\mathrm{Re}\int_0^w \mathrm{ch}\,w\mathrm{d}w=\mathrm{sh}\,u\cos v, \\ z=\mathrm{Re}\int_0^w (-\sqrt{-1})\mathrm{d}w=v, \end{cases} \quad (7.4)$$

这正好是正螺旋面 $z=\arctan\dfrac{x}{y}$ 的参数方程(参看彩页,图 2.4),它建立了复平面 $\mathbf{C}$ 与正螺旋面的同胚. 在此同胚下, u-曲线($v=$常数)对应于正螺旋面上的直母线;v-曲线($u=$常数)对应于正螺旋面上的螺旋线. 与悬链面的情形相同(因为它们的 W-因子是定义在同一个区域 $\mathbf{C}$ 上的相同的函数 $g(w)=\mathrm{e}^{-w}$),正螺旋面的 Gauss 映射 g 取不到扩充的复数平面上的 $0,\infty$ 这两个值,即正螺旋面的单位法向量

取不到 $(0,0,-1)$ 和 $(0,0,1)$ 这两个值.

这两个例子的定义域都是复数平面 $\mathbf{C}$,且 W-因子 g 是同一个函数,W-因子 f 差一个模为 1 的倍数 $-\sqrt{-1}$. 因此这两个曲面有相同的第一基本形式,故这两个曲面上有相同参数值 (u,v) 的点之间的对应给出曲面之间的等距对应,而且在此对应下有相同的 Gauss 映射的像.

这种关系有普遍意义. 一般地,如果设极小曲面 M 的定义域为 $D \subset \mathbf{C}$,其 W-因子为 $f(w),g(w),w \in D$. 对于实数 $\theta \in \mathbf{R}$,命 $f_\theta(w) = \mathrm{e}^{\sqrt{-1}\theta} \cdot f(w)$,那么 D,f_θ,g 仍然满足 W-因子的条件,因而它们决定了一个与 M 等距的极小曲面,记为 M_θ,并且它与 M 在对应点有相同的单位法向量,即有相同的 Gauss 映射的像. 我们称 M_θ 为 M 的伴随极小曲面. 特别地,称 $M_{\pm\frac{\pi}{2}}$ 为 M 的共轭极小曲面. 若设 M 的参数方程是

$$\boldsymbol{r} = \left(\mathrm{Re} \int_{w_0}^{w} \frac{f}{2}(1-g^2)\,\mathrm{d}w, \right.$$

$$\left. \mathrm{Re} \int_{w_0}^{w} \frac{\sqrt{-1}}{2} f(1+g^2)\,\mathrm{d}w, \mathrm{Re} \int_{w_0}^{w} fg\,\mathrm{d}w \right),$$

则 $M_{\frac{\pi}{2}}$ 的参数方程是

$$\boldsymbol{r}_{\frac{\pi}{2}} = \left(\mathrm{Re} \int_{w_0}^{w} \frac{\sqrt{-1}}{2} f(1-g^2)\,\mathrm{d}w, \right.$$

$$\left. \mathrm{Re} \int_{w_0}^{w} -\frac{1}{2} f(1+g^2)\,\mathrm{d}w, \mathrm{Re} \int_{w_0}^{w} \sqrt{-1}\, fg\,\mathrm{d}w \right)$$

$$=-\Big(\mathrm{Im}\int_{w_0}^{w}\frac{1}{2}f(1-g^2)\,\mathrm{d}w,$$

$$\mathrm{Im}\int_{w_0}^{w}\frac{\sqrt{-1}}{2}f(1+g^2)\,\mathrm{d}w,\mathrm{Im}\int_{w_0}^{w}fg\,\mathrm{d}w\Big).$$

因此

$$\boldsymbol{r}-\sqrt{-1}\,\boldsymbol{r}_{\frac{\pi}{2}}$$

$$=\Big(\int_{w_0}^{w}\frac{1}{2}(1-g^2)\,\mathrm{d}w,\int_{w_0}^{w}\frac{\sqrt{-1}}{2}f(1+g^2)\,\mathrm{d}w,\int_{w_0}^{w}fg\,\mathrm{d}w\Big).$$

$$(7.5)$$

换句话说,向量函数 $\boldsymbol{r},\pm\boldsymbol{r}_{\frac{\pi}{2}}$ 分别是一个全纯向量函数的实部和虚部,也就是说 $\boldsymbol{r},\pm\boldsymbol{r}_{\frac{\pi}{2}}$ 作为调和函数是彼此共轭的(方程 (6.11)已经告诉我们,极小曲面的参数方程 $\boldsymbol{r}(u,v)$ 是等温参数 u,v 的调和函数),共轭极小曲面的名称由此而得.

伴随极小曲面也有明显的表达式.事实上

$$\boldsymbol{r}_\theta=\Big(\mathrm{Re}\int_{w_0}^{w}\frac{\mathrm{e}^{i\theta}}{2}f(1-g^2)\,\mathrm{d}w,$$

$$\mathrm{Re}\int_{w_0}^{w}\frac{\sqrt{-1}\,\mathrm{e}^{i\theta}}{2}f(1+g^2)\,\mathrm{d}w,\mathrm{Re}\int_{w_0}^{w}\mathrm{e}^{i\theta}fg\,\mathrm{d}w\Big)$$

$$=\cos\theta\cdot\boldsymbol{r}+\sin\theta\cdot\boldsymbol{r}_{\frac{\pi}{2}},\qquad(7.6)$$

所以伴随极小曲面给出了单参数极小曲面族,实现了从极小曲面 M 到它的共轭极小曲面的等距变形,在变形过程中保持了曲面的极小性以及保持曲面的 Gauss 映像不变.

从悬链面到正螺旋面的等距变形过程在图 7.1 中(参

看彩页)清晰地演示出来了. 在直观上, 我们要把悬链面沿一条经线剪开, 然后拧成正螺旋面中的一截.

我们还需要指出: 极小曲面 M 的 W-因子 f,g 不是唯一确定的. 比如, 让 W-因子 f,g 的定义域 D 作一个共形变换成为 $\widetilde{D}$, 则我们就会得到定义在 $\widetilde{D}$ 上的一组新的 W-因子 $\widetilde{f},\widetilde{g}$, 对应着同一个极小曲面 M. 若设从 $\widetilde{D}$ 到 D 的共形变换是

$$w = w(\zeta),$$

则 M 的新的 W-因子是

$$\begin{cases} \widetilde{f}(\zeta) = f(w(\zeta)) \cdot w'(\zeta), \\ \widetilde{g}(\zeta) = g(w(\zeta)). \end{cases} \tag{7.7}$$

例如, 我们取 $D = \mathbf{C} - \{0\}, f(w) = 1, g(w) = \dfrac{1}{w}$, 它们将给出例 1 所描述的同一个悬链面. 实际上, 若命

$$w = \mathrm{e}^{\zeta}, \quad \zeta \in \mathbf{C},$$

这是从 $\mathbf{C}$ 到 $D = \mathbf{C} - \{0\}$ 的共形变换. 从式 (7.7) 得到

$$\widetilde{f}(\zeta) = \mathrm{e}^{\zeta}, \quad \widetilde{g}(\zeta) = \mathrm{e}^{-\zeta},$$

此即例 1 给出的 W-因子. 如果考虑从 $D = \mathbf{C} - \{0\}$ 到自身的共形变换

$$w = \frac{1}{\zeta},$$

则得到悬链面的另一组 W-因子

$$\widetilde{\widetilde{f}}(\zeta) = -\frac{1}{\zeta^2}, \quad \widetilde{\widetilde{g}}(\zeta) = \zeta.$$

例 3 Enneper 极小曲面

设 $D = \mathbf{C}, f(w) = 2, g(w) = w$，则式（6.18）给出

$$
\begin{cases}
\varphi_1 = 1 - w^2, \\
\varphi_2 = \sqrt{-1}\,(1 + w^2), \\
\varphi_3 = 2w.
\end{cases}
$$

它们都是单连通区域 D 上的全纯函数，所以没有周期. 积分，并取实部得到

$$
\begin{cases}
x = u + uv^2 - \dfrac{1}{3}u^3, \\
y = -v - u^2 v + \dfrac{1}{3}v^3, \\
z = u^2 - v^2.
\end{cases}
\tag{7.8}
$$

这组方程给出的曲面叫作 Enneper 极小曲面.

定义在 $\mathbf{C}$ 上的全纯函数 $g(w) = w$ 取不到的值仅有扩充的复数平面上的 ∞ 值，所以 Enneper 极小曲面的单位法向量取不到北极点 $(0,0,1)$ 的值.

图 7.2（参看彩页）画出了这个曲面在 $u^2 + v^2 \leqslant 1$ 内的部分. 按照曲面的参数 (u,v) 给出的定向，在 $(u,v) = (0,0)$ 处曲面的单位法向量是 $(0,0,-1)$.

这个曲面与前面两例的不同之处在于它有自交现象出现. 为了看清楚这一点，在复平面 $\mathbf{C}$ 上引进极坐标 (r,θ)：

$$
u = r\cos\theta, \quad v = r\sin\theta.
$$

这样，曲面的参数方程化为

$$\begin{cases} x = r\cos\theta\left[(1+r^2) - \dfrac{4}{3}r^2\cos^2\theta\right], \\[3mm] y = -r\sin\theta\left[(1+r^2) - \dfrac{4}{3}r^2\sin^2\theta\right], \\[3mm] z = r^2\cos 2\theta. \end{cases} \tag{7.9}$$

曲面的自交点是 $(r_1,\theta_1)\neq(r,\theta)$ 使得下列方程组成立：

$$\begin{cases} r_1\cos\theta_1\left[(1+r_1^2) - \dfrac{4}{3}r_1^2\cos^2\theta_1\right] \\[2mm] \qquad = r\cos\theta\left[(1+r^2) - \dfrac{4}{3}r^2\cos^2\theta\right], \\[3mm] r_1\sin\theta_1\left[(1+r_1^2) - \dfrac{4}{3}r_1^2\sin^2\theta_1\right] \\[2mm] \qquad = r\sin\theta\left[(1+r^2) - \dfrac{4}{3}r^2\sin^2\theta\right], \\[3mm] r_1^2\cos 2\theta_1 = r^2\cos 2\theta. \end{cases} \tag{7.10}$$

从最后一个方程得到

$$r_1 = r, \quad \theta_1 = k\pi \pm \theta.$$

前两个方程的解见表 7.1：

表 7.1　Enneper 曲面自交点的解

k 的奇偶性	$\theta_1 = k\pi - \theta$	$\theta_1 = k\pi + \theta$
奇	$\cos^2\theta = \dfrac{3}{4}\cdot\dfrac{1+r^2}{r^2}$	$\cos^2\theta = \sin^2\theta = \dfrac{3}{4}\cdot\dfrac{1+r^2}{r^2}$ 矛盾方程
偶	$\sin^2\theta = \dfrac{3}{4}\cdot\dfrac{1+r^2}{r^2}$	$\theta_1 = \theta\bmod 2\pi$ 平凡解

由此可见,方程组(7.10)有非平凡解的充分必要条件是 $\frac{3}{4} \cdot \frac{1+r^2}{r^2} \leqslant 1$,或 $r^2 \geqslant 3$. 因此,Enneper 极小曲面在 $u^2 + v^2 < 3$ 内是没有自交的;自交现象只发生在 $u^2 + v^2 \geqslant 3$ 内(参看彩页,图 7.3).

具体地说,当

$$r \geqslant \sqrt{3}, \quad \cos^2\theta = \frac{3}{4} \cdot \frac{1+r^2}{r^2}$$

时,复数平面上的点 $(r\cos\theta, r\sin\theta)$ 与 $(-r\cos\theta, r\sin\theta)$ 映为曲面上的同一点;当

$$r \geqslant \sqrt{3}, \quad \sin^2\theta = \frac{3}{4} \cdot \frac{1+r^2}{r^2}$$

时,复数平面上的点 $(r\cos\theta, r\sin\theta)$ 与 $(r\cos\theta, -r\sin\theta)$ 也映为曲面上的同一点.因此,Enneper 曲面自交点构成两条曲线:一条落在 yz 平面上,参数方程为

$$\boldsymbol{r} = \left(0, -\left(4v + \frac{8}{3}v^3\right), 3 + 2v^2\right), \quad -\infty < v < +\infty,$$

$$(7.11)$$

它是复数平面 $\mathbf{C}$ 上的双曲线 $u^2 - 3v^2 = 3$ 的像;另一条落在 xz 平面上,参数方程为

$$\boldsymbol{r} = \left(4u + \frac{8}{3}u^3, 0, -(3 + 2u^2)\right), \quad -\infty < u < +\infty, \quad (7.12)$$

它是复数平面 $\mathbf{C}$ 上的双曲线

$$3u^2 - v^2 = -3$$

的像.

Enneper 极小曲面有丰富的对称性质. 其实,如果将
Enneper 曲面绕 z 轴旋转 $90°$,然后作关于 xy-平面的对称,
则所得曲面便与原来的曲面重合. 在这种变换下,自交点所
构成的曲线恰好互相重合.

当 $0<r<1$ 时,函数 $g(w)$ 在
$$u^2 + v^2 \leqslant r^2$$
内的值满足 $|g(w)|\leqslant r<1$,这意味着 Enneper 曲面在
$$u^2 + v^2 \leqslant r^2$$
内的部分的 Gauss 映像落在单位球面的半球面以内. 根据
巴尔博萨、杜卡莫等人的结果(参看第五章式(5.11)后面的
讨论),这块曲面是稳定的极小曲面,即对于简单的空间闭
曲线 Γ(r 是常数,$0<r<1$)

$$\boldsymbol{r} = \left(r\cos\theta - \frac{1}{3}r^3\cos 3\theta, -r\sin\theta - \frac{1}{3}r^3\sin 3\theta, r^2\cos 2\theta\right),$$

$$0 \leqslant \theta \leqslant 2\pi \tag{7.13}$$

来说,Enneper 曲面在以 Γ 为固定边界的变分曲面中达到
了面积的最小值. 这个事实在 $r=1$ 时也成立. 然而当 $1<r<\sqrt{3}$ 时,Γ 所围的 Enneper 曲面就不再是面积最小的了.
实际上,由式(5.11)可知:对于以 Γ 为固定边界的变分,其
面积的第二变分公式可以改写为

$$\frac{\mathrm{d}^2 A(M_t)}{\mathrm{d}t^2}\bigg|_{t=0} = \int_M (|\nabla h|^2 + 2h^2 K) * 1_M.$$

这里 ∇h 表示函数 h 的梯度,故

$$\mid \nabla h \mid^2 = \frac{h_u^2 + h_v^2}{(1 + u^2 + v^2)^2}$$

由式(6.25)得到 Enneper 曲面的 Gauss 曲率是

$$K = -\frac{4}{(1 + u^2 + v^2)^4},$$

面积元素 $*1_M = (1 + u^2 + v^2)^2 \mathrm{d}u\mathrm{d}v$,所以

$$\frac{\mathrm{d}^2 A(M_t)}{\mathrm{d}t^2}\bigg|_{t=0} = \int_{u^2+v^2\leqslant r^2}\left(h_u^2 + h_v^2 - \frac{8h^2}{(1 + u^2 + v^2)^2}\right)\mathrm{d}u\mathrm{d}v$$

$$= -\int_{u^2+v^2\leqslant r^2} h\left(\Delta_0 h + \frac{8h}{(1 + u^2 + v^2)^2}\right)\mathrm{d}u\mathrm{d}v,$$

$$(7.14)$$

其中 $\Delta_0 = \dfrac{\partial^2}{\partial u^2} + \dfrac{\partial^2}{\partial v^2}$.

现在要在 $1 < r < \sqrt{3}$ 的假定下,找出函数 $h(u, v)$,满足 $h\mid_{u^2+v^2=r^2} = 0$,且使上面的积分 < 0. 为此,命

$$h(u, v; r) = \frac{u^2 + v^2 - r^2}{u^2 + v^2 + r^2},$$

显然 $h(u, v; r)\mid_{u^2+v^2=r^2} = 0$. 经计算得到

$$\Delta_0 h = -\frac{8r^2(u^2 + v^2 - r^2)}{(u^2 + v^2 + r^2)^3} = -\frac{8r^2}{(u^2 + v^2 + r^2)^2} \cdot h,$$

故式(7.14)成为

$$J(r) \equiv -\int_{u^2+v^2\leqslant r^2} h^2\left(-\frac{8r^2}{(u^2 + v^2 + r^2)^2} + \frac{8}{(u^2 + v^2 + 1)^2}\right)\mathrm{d}u\mathrm{d}v$$

$$= -\int_{u^2+v^2 \leqslant r^2} 8h^2 \cdot \frac{(1-r^2)(u^2+v^2+r)(u^2+v^2-r)}{(u^2+v^2+r^2)^2(u^2+v^2+1)^2} du dv,$$

由此可见 $J(1)=0$. 设 $u=\alpha r, v=\beta r$,则上面的积分成为

$$J(r) = -\int_{\alpha^2+\beta^2 \leqslant 1} 8\left(\frac{\alpha^2+\beta^2-1}{\alpha^2+\beta^2+1}\right)^2 \cdot$$

$$\frac{(1-r^2)[r(\alpha^2+\beta^2)+1][r(\alpha^2+\beta^2)-1]}{(\alpha^2+\beta^2+1)^2[r^2(\alpha^2+\beta^2)+1]^2} d\alpha d\beta,$$

所以

$$J'(1) = \int_{\alpha^2+\beta^2 \leqslant 1} \frac{16(\alpha^2+\beta^2-1)^3}{(\alpha^2+\beta^2+1)^5} d\alpha d\beta < 0.$$

因此,存在 $\sigma > 1$,当 $1 < r \leqslant \sigma$ 时有 $J(r) < 0$.

不妨设 $\sigma < \sqrt{3}$. 当 $\sigma < r_0 < \sqrt{3}$ 时,只要命

$$h(u,v) = \begin{cases} h(u,v;\sigma), & u^2+v^2 \leqslant \sigma^2, \\ 0, & \sigma^2 < u^2+v^2 \leqslant r_0^2, \end{cases}$$

则这样的函数 $h(u,v)$ 仍旧能使 $\left.\dfrac{d^2 A(M_t)}{dt^2}\right|_{t=0} < 0$. 如果要得到光滑函数,只要将上面的 $h(u,v)$ 适当光滑化就可以了.

总之,只要 $1 < r < \sqrt{3}$,我们总能找到函数 h 使 Enneper曲面在保持边界曲线 Γ 不动的变分下面积变小,因而 Enneper 曲面在 $u^2+v^2 \leqslant r^2$ 内的这部分是不稳定的. 然而根据 Plateau 问题的 Douglas 解(参看第九章),以 Γ 为边界的面积最小的圆盘型极小曲面是存在

的,它肯定不同于 Γ 上所张的 Enneper 曲面.由此可见,以 Γ 为边界的圆盘型极小曲面至少有两个.以 $\Gamma(1 < r < \sqrt{3})$ 为边界的面积最小的极小曲面至今尚未用显式表示出来,写出它的 W-因子应该是一个很有意思的问题.

Enneper 曲面的共轭极小曲面的方程是

$$\begin{cases} x = v - u^2 v + \dfrac{v^3}{3}, \\[2mm] y = u - uv^2 + \dfrac{u^3}{3}, \\[2mm] z = 2uv, \end{cases} \tag{7.15}$$

其形状参看彩页图 7.4($u^2 + v^2 \leqslant 1$ 的部分).从图上可以看出,Enneper 曲面与它的共轭极小曲面十分相像,实际上这两个曲面是彼此合同的.要看清楚这一点.我们让 Enneper 曲面的参数作如下变换:

$$\begin{cases} \tilde{u} = \dfrac{\sqrt{2}}{2}(u - v), \\[2mm] \tilde{v} = \dfrac{\sqrt{2}}{2}(u + v), \end{cases}$$

则它的方程(7.8)成为

$$\begin{cases} x = \dfrac{\sqrt{2}}{2}\left(\tilde{v} - \tilde{u}^2\tilde{v} + \dfrac{\tilde{v}^3}{3}\right) + \dfrac{\sqrt{2}}{2}\left(\tilde{u} - \tilde{u}\tilde{v}^2 + \dfrac{\tilde{u}^3}{3}\right), \\[2mm] y = \dfrac{\sqrt{2}}{2}\left(\tilde{v} - \tilde{u}^2\tilde{v} + \dfrac{\tilde{v}^3}{3}\right) - \dfrac{\sqrt{2}}{2}\left(\tilde{u} - \tilde{u}\tilde{v}^2 + \dfrac{\tilde{u}^3}{3}\right), \\[2mm] z = 2\tilde{u}\tilde{v}. \end{cases}$$

显然,这个曲面与(7.15)只差一个绕 z 轴的 $45°$ 旋转.

我们把与其共轭极小曲面合同的极小曲面称为自共轭极小曲面.在文献[28]中给出了更多的自共轭极小曲面的例子.

例 4　Scherk 极小曲面

考虑单位圆盘

$$D = \{w \in \mathbf{C} \mid |w| < 1\},$$

设 $g(w) = w, f(w) = \dfrac{4}{1 - w^4}$,则

$$\begin{cases} \varphi_1 = \dfrac{1}{2}f(1 - g^2) = \dfrac{\sqrt{-1}}{w + \sqrt{-1}} - \dfrac{\sqrt{-1}}{w - \sqrt{-1}}, \\[3mm] \varphi_2 = \dfrac{\sqrt{-1}}{2}f(1 + g^2) = \dfrac{\sqrt{-1}}{w + 1} - \dfrac{\sqrt{-1}}{w - 1}, \\[3mm] \varphi_3 = fg = \dfrac{2w}{w^2 + 1} - \dfrac{2w}{w^2 - 1}. \end{cases}$$

由于 $\varphi_1, \varphi_2, \varphi_3$ 是单连通区域 D 上的全纯函数,它们在 D 内没有周期,于是

$$
\begin{cases}
x = \mathrm{Re}\displaystyle\int_0^w \varphi_1\,\mathrm{d}w = -\arg\left(\frac{w+\sqrt{-1}}{w-\sqrt{-1}}\right)+\pi, \\[3mm]
y = \mathrm{Re}\displaystyle\int_0^w \varphi_2\,\mathrm{d}w = -\arg\left(\frac{w+1}{w-1}\right)+\pi, \\[3mm]
z = \mathrm{Re}\displaystyle\int_0^w \varphi_3\,\mathrm{d}w = \ln\left|\frac{w^2+1}{w^2-1}\right|.
\end{cases}
\tag{7.16}
$$

分出 $\dfrac{w+\sqrt{-1}}{w-\sqrt{-1}}$ 和 $\dfrac{w+1}{w-1}$ 的实部和虚部,我们有

$$
\frac{w+\sqrt{-1}}{w-\sqrt{-1}} = \frac{|w|^2-1}{|w-\sqrt{-1}|^2} + \sqrt{-1}\,\frac{w+\bar{w}}{|w-\sqrt{-1}|^2},
$$

$$
\frac{w+1}{w-1} = \frac{|w|^2-1}{|w-1|^2} + \frac{\bar{w}-w}{|w-1|^2}.
$$

由于 $|w|^2-1<0$,故复数 $\dfrac{w+\sqrt{-1}}{w-\sqrt{-1}}$,$\dfrac{w+1}{w-1}$ 都落在复数平面上虚轴的左侧,所以

$$
\frac{\pi}{2} < \arg\left(\frac{w+\sqrt{-1}}{w-\sqrt{-1}}\right) < \frac{3\pi}{2},
$$

$$
\frac{\pi}{2} < \arg\left(\frac{w+1}{w-1}\right) < \frac{3\pi}{2},
$$

于是 $-\dfrac{\pi}{2}<x<\dfrac{\pi}{2}$,$-\dfrac{\pi}{2}<y<\dfrac{\pi}{2}$. 直接计算得到

$$
\cos x = -\cos\left(\arg\left(\frac{w+\sqrt{-1}}{w-\sqrt{-1}}\right)\right) = \frac{1-|w|^2}{|1+w^2|},
$$

$$
\cos y = -\cos\left(\arg\left(\frac{w+1}{w-1}\right)\right) = \frac{1-|w|^2}{|1+w^2|},
$$

因此 Scherk 极小曲面可以表示成

$$z = \ln \frac{\cos y}{\cos x}, \ -\frac{\pi}{2} < x, y < \frac{\pi}{2}. \qquad (7.17)$$

它的图形是 xy-平面上、以原点为中心、边长为 π 的正方形上的一张图(参看彩页,图 7.5).

我们知道,如果曲面的参数方程能够写成变量分离的形式,即

$$\boldsymbol{r}(u, v) = \xi(u) + \eta(v),$$

则称该曲面为平移曲面.从直观上看,这时的曲面是空间曲线 $\xi(u)$ 平移的结果,也是空间曲线 $\eta(v)$ 平移的结果.式(7.17)可以写成

$$z = \ln \cos y - \ln \cos x,$$

因此 Scherk 曲面的参数方程为

$$\begin{aligned}
\boldsymbol{r}(x, y) &= (x, y, \ln \cos y - \ln \cos x) \\
&= (x, 0, -\ln \cos x) + (0, y, \ln \cos y),
\end{aligned}$$

故它是一张平移曲面.反过来,容易证明:能够表成 $z = \varphi(x) + \psi(y)$ 的极小曲面必定是 Scherk 极小曲面.事实上,将 $z = \varphi(x) + \psi(y)$ 代入极小曲面方程(2.14)便得到

$$\frac{\varphi_{xx}}{1 + \varphi_x^2} = -\frac{\psi_{yy}}{1 + \psi_y^2}.$$

由于左、右两边分别为 x、y 的函数,所以它必为常数,不妨设

$$\frac{\varphi_{xx}}{1+\varphi_x^2} = c, \quad \frac{\psi_{yy}}{1+\psi_y^2} = -c.$$

求积分则得

$$\varphi = -\frac{1}{c}\ln(\cos cx),$$

$$\psi = \frac{1}{c}\ln(\cos cy),$$

即

$$z = \frac{1}{c}\ln\frac{\cos cy}{\cos cx}.$$

从 $\varphi_1, \varphi_2, \varphi_3$ 的表达式可知 $1, -1, \sqrt{-1}, -\sqrt{-1}$ 是它们的极点. 如果考虑比单位圆盘 D 更大的区域

$$\widetilde{D} = \mathbf{C} - \left\{ re^{\sqrt{-1}\theta} : r \geqslant 1, \theta = \frac{k\pi}{2}, k \text{ 是整数} \right\},$$

则 $\widetilde{D}$ 仍是单连通区域,而且 $\varphi_1, \varphi_2, \varphi_3$ 是 $\widetilde{D}$ 上的全纯函数,因此由 Weierstrass 公式得到定义在 $\widetilde{D}$ 上的 Scherk 极小曲面

$$z = \ln\frac{\cos y}{\cos x},$$

其中 x, y 的变化范围是 $-\pi < x < \pi, -\pi < y < \pi$. 且要求 $\frac{\cos y}{\cos x} > 0$. 图 7.6 画出了定义域 $\widetilde{D}$ 以及相应的极小曲面的 x 和 y 的变化范围. 区域 $\widetilde{D}$ 中的圆弧:$r = 1, \frac{k\pi}{2} < \theta <$

$\dfrac{(k+1)\pi}{2}$，k 是整数，在 Scherk 极小曲面上对应着分别经过

xy-平 面 上 的 四 个 点 $\left(\dfrac{\pi}{2},\dfrac{\pi}{2}\right)$, $\left(-\dfrac{\pi}{2},\dfrac{\pi}{2}\right)$, $\left(-\dfrac{\pi}{2},-\dfrac{\pi}{2}\right)$,

$\left(\dfrac{\pi}{2},-\dfrac{\pi}{2}\right)$，且 与 z 轴 平 行 的 直 线. 另外，Scherk 曲 面 在

图 7.6 的正方形的四个角上的图形与中间正方形落在四个

象限部分上的图形关于这四条直线是对称的（这是极小曲

面的对称性质的特例，参看第八章）.

　　还可以将 Scherk 曲面进一步向外延拓，最终得到一张

完备的 Scherk 极小曲面（关于完备曲面的概念可参看第八

章）. 为此，我们用 $M=\mathbf{C}-\{1,-1,\sqrt{-1},-\sqrt{-1}\}$ 代替单

位圆盘 D. 但是，函数 φ_1,φ_2 在 M 上是有实周期的，这可以

利用留数定理来检验. 比如看函数 φ_1. 根据留数的定义，φ_1

沿着围绕 $\sqrt{-1}$ 的闭路的积分恰好等于 φ_1 在孤立奇点

$\sqrt{-1}$ 的留数 $\mathrm{Res}(\varphi_1,\sqrt{-1})$ 的 $2\pi\sqrt{-1}$ 倍，即

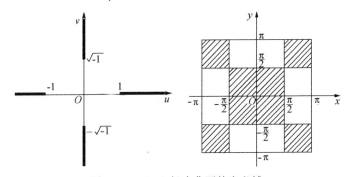

图 7.6　Scherk 极小曲面的定义域

$$\int_{|w-\sqrt{-1}|=\rho} \varphi_1(w)\mathrm{d}w = 2\pi\sqrt{-1}\,\mathrm{Res}(\varphi_1, \sqrt{-1}),$$

其中 ρ 是充分小的正数,因此要检查 φ_1 没有实周期或有实周期,只要求 φ_1 关于它的各个孤立奇点的留数,观察其各个留数的虚部是否全部为零. 然而,留数定理表明,函数 φ_1 在孤立奇点的留数恰好等于 φ_1 在该点的 Laurent 展开式中 -1 次幂的系数. 这样,φ_1 的表达式告诉我们 φ_1 在奇点 $\sqrt{-1}$ 的留数为 $-\sqrt{-1}$,在 $-\sqrt{-1}$ 的留数为 $\sqrt{-1}$,所以 φ_1 在 M 上有实周期. 要克服这个困难,只需用 M 的万有覆盖区域 $\widetilde{M}$ 来代替,其实 $\widetilde{M}$ 就是用无限多个 M 依次拼接的结果.

设覆盖映射为 $\pi:\widetilde{M}\rightarrow M$,则 $\pi*\varphi_k$ 为单连通区域 $\widetilde{M}$ 上的全纯函数,没有周期. 上面的做法是复分析中处理多值函数的标准做法,即用万有覆盖区域 $\widetilde{M}$ 代替 M 之后,M 上的多值函数就成为 $\widetilde{M}$ 上的定义好的单值函数了. 这时,曲面的解析表达式仍由式(7.16)给出,只是其中的 arg 应理解为多值函数. 它还能表示成下列函数的图像:

$$z = \ln\frac{\cos y}{\cos x},$$

其中 $-\infty<x,y<+\infty$,且要求 $\dfrac{\cos y}{\cos x}>0$. 我们最终所得到的 Scherk 曲面是嵌入在 $\mathbf{R}^3$ 中的完备极小曲面,它的 Gauss 曲率不取单位球面上四个点的值. 图 7.7 画出了

Scherk 曲面(7.17)越过一条与 z 轴平行的直线向外延伸的结果.

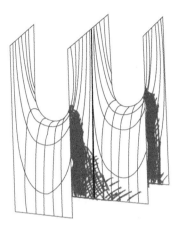

图 7.7 Scherk 极小曲面的延伸

八　极小曲面的一般性质

　　现在我们已经知道极小曲面的不少例子. 在本章我们要对极小曲面的最一般的初等性质作一些讨论, 特别是要指出这些性质的直观意义, 使我们对极小曲面的形态有一些感性的认识.

　　我们首先能得到的一个性质是: $\mathbf{R}^3$ 中极小曲面的 Gauss 曲率必定是非正的, 即 $K \leqslant 0$. 实际上, 若设极小曲面的两个主曲率分别是 k_1, k_2, 则由定义可知平均曲率 H、Gauss 曲率 K 分别是

$$H = \frac{1}{2}(k_1 + k_2), \quad K = k_1 k_2.$$

对于极小曲面, 平均曲率 $H \equiv 0$, 所以它的主曲率 k_1, k_2 互为相反数, 即

$$k_2 = -k_1,$$

所以

$$K = -(k_1)^2 \leqslant 0.$$

由此可见,在极小曲面上不可能有椭圆点,这说明极小曲面在局部上不可能是凸的,即在极小曲面上不可能有这样的点,使得该点的某个邻域完全落在曲面在该点的切平面的某一侧(参看第四章). 这个事实在直观上也很容易理解. 例如设 P 是曲面 M 上的一个椭圆点,设 n 是曲面在点 P 的单位法向量,于是用平行于点 P 处的切平面的一个平面 π 在曲面上可以截出点 P 的一个邻域 U,它由椭圆点组成,设截线为 C. 很明显,让邻域 U 作保持边界曲线 C 不动的变分,使得变分向量场与 n 共线,则可以使 U 的面积严格地变小,因此 M 不可能是极小曲面(图 8.1).

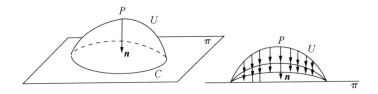

图 8.1　曲面在椭圆点邻域的变分

根据法曲率的 Euler 公式(第四章,式(4.11)),在极小曲面上每一点有两个彼此正交的渐近方向,它们分别平分曲面在该点的主方向的夹角. 所谓曲面上的渐近方向是指曲面上在一点使法曲率为零的切方向,它们正好是曲面在该点的 Dupin 标形的渐近线的方向(在双曲点,$K < 0$,Dupin 标形是一对彼此共轭的双曲线). 实际上,Euler 公

式为

$$k_n(\theta) = k_1\cos^2\theta + k_2\sin^2\theta,$$

其中 θ 是所考虑的切方向与对应于 k_1 的主方向的夹角. 对于极小曲面有 $k_1 = -k_2$, 故

$$k_n(\theta) = k_1(\cos^2\theta - \sin^2\theta) = k_1\cos 2\theta.$$

当 $k_1 = 0$ 时, 主方向不定, 渐近方向不定, 断言可以认为真的; 当 $k_1 \neq 0$ 时, $k_n(\theta) = 0$ 当且仅当 $\cos 2\theta = 0$, 即 $\theta = k \cdot \dfrac{\pi}{2} + \dfrac{\pi}{4}$, 因此极小曲面上的渐近方向与主方向的夹角是 $45°$.

在第六章我们已经知道: 若在曲面上取等温参数系 (u,v), 则当该曲面是极小曲面时, 它的位置向量是 u、v 的调和函数; 反之亦然. 这个性质有许多重要的推论, 其中一个简单而直接的结果是: 若 M 是以曲线 C 为边界的紧致极小曲面, 则 M 必包含在边界曲线 C 的凸包之中. 这里的紧致性是指该曲面是 $\mathbf{R}^3$ 中的一个有界的闭子集; 所谓 C 在 $\mathbf{R}^3$ 中的凸包 $\mathrm{Conv}(C)$ 是指 $\mathbf{R}^3$ 中包含 C 在内的最小凸闭集, 它恰好是 $\mathbf{R}^3$ 中所有包含 C 在内的闭半空间之交. 我们用反证法证明上面的结果. 若设 M 不包含在边界曲线 C 的凸包之中, 则在 M 上必有一点 $P \notin \mathrm{Conv}(C)$, 于是在 $\mathbf{R}^3$ 中有一个平面 π, 使得曲线 C 落在 π 的一侧, 而点 P 落在 π 的另一侧. 取 $\mathbf{R}^3$ 中的笛卡儿坐标系使 π 成为 xy-平面, 且点 P

落在半空间 $\{(x,y,z):z>0\}$ 内. 现在, 坐标函数 $z|_M$ 是曲面 M 上的等温参数的调和函数, 而且 $z(P)>0, z|_{\partial M}<0$, 这与调和函数的最大值原理是矛盾的. 调和函数的最大值原理断言: 定义在区域 D 上的调和函数必在边界 ∂D 上达到它在区域 $\overline{D}$ 上的最大值.

同样的论证还可以用来证明: 在 $\mathbf{R}^3$ 中不存在紧致无边的极小曲面. 事实上, 极小曲面的凸包性质本身就蕴含着这个结论. 如果在 $\mathbf{R}^3$ 中存在这样的极小曲面 M, 则极小曲面的凸包性质断言 M 包含在 ∂M 的凸包之中, 然而现在的边界 ∂M 是空集, 这是一个矛盾. 这个结论还能利用极小曲面的曲率性质来证明. 实际上, 如果 M 是 $\mathbf{R}^3$ 中一个紧致无边的曲面, 则在 $\mathbf{R}^3$ 中作以原点为中心、以充分大的 R 为半径的球面 S_R 把 M 包含在内. 逐渐缩小半径 R 的尺寸, 则在半径达到某个值 $R_0\leqslant R$ 时, 能使球面 S_{R_0} 初次与 M 在某点 P 相切. 通过曲面在 P 点的法线作平面去截曲面 M 和球面 S_{R_0}, 分别得到 M 和 S_{R_0} 在点 P 的法截线, 则这两条法截线向同侧弯曲, 并且 M 的法截线的曲率半径比 S_{R_0} 的法截线的曲率半径小, 因此由法曲率的几何意义可知 M 在点 P 的法曲率 $\geqslant S_{R_0}$ 在点 P 的法曲率 $=\dfrac{1}{R_0}$, 所以 M 在点 P 的 Gauss 曲率 $K\geqslant\dfrac{1}{R_0^2}>0$. 顺便提一下, 我们所得的是关于大范围微分几何的一个十分要紧的结论, 即若 M 是 $\mathbf{R}^3$ 中的紧致无边的光滑曲面,则在 M 上至少存在一点,使得曲面 M 在该点的 Gauss 曲率是正的. 由于 $\mathbf{R}^3$ 中极小曲面的 Gauss 曲率$\leqslant 0$,所以上面的结论说明在 $\mathbf{R}^3$ 中是不可能有紧致无边的极小曲面的.

在第六章中已经叙述过极小曲面上等温参数系的局部存在性,利用复分析中一条深刻的定理可以证明极小曲面上大范围等温参数系的存在性,这条深刻的定理就是 Koebe 一致化定理(也称为 Riemann 映射定理),它可以叙述为任意一个单连通的黎曼曲面可以双全纯地(共形等价地)映为黎曼球面,复平面,或复平面上的单位圆盘. 换言之,任意一个黎曼曲面必定以黎曼球面,复平面,或复平面上的单位圆盘作为它的万有覆盖空间(覆盖映射为双全纯映射). 这个定理是复分析中的一个基本定理,它最早是黎曼叙述的,但是完全的证明是 H. 庞加莱(H. Poincaré)和 P. 克贝(P. Koebe)在 1907 年给出的. 这个定理在曲面论的研究中常常起着关键的作用.

现在,极小曲面上等温参数系的大范围存在性可以准确地叙述成:设 M 是 $\mathbf{R}^3$ 中一块单连通极小曲面,则 M 可以表示为参数曲面 $X:D\to\mathbf{R}^3$,使得$(u,v)\in D$ 是曲面的等温参数系,并且 D 是复平面 $\mathbf{C}$,或复平面 $\mathbf{C}$ 中的单位圆盘 $\{w\in\mathbf{C}:|w|<1\}$. 实际上,如果 M 是 $\mathbf{R}^3$ 中一块单连通极小曲面,当 M 有边界时用 M 的内部代替 M,则 M 是一个单

连通的黎曼面. 但是 M 不可能是紧致的, 故 M 必共形等价于复平面 $\mathbf{C}$ 或单位圆盘 $\{w \in \mathbf{C}: |w| < 1\}$. 然而把 M 看成黎曼曲面是通过建立 M 的局部等温参数系实现的, 即曲面的第一基本形式的系数满足条件

$$E = \left|\frac{\partial \boldsymbol{X}}{\partial u}\right|^2 = \left|\frac{\partial \boldsymbol{X}}{\partial v}\right|^2 = G,$$

$$F = \frac{\partial \boldsymbol{X}}{\partial u} \cdot \frac{\partial \boldsymbol{X}}{\partial v} = 0.$$

这些关系在参数系 (u, v) 作共形变换时是不变的, 即: 若有参数变换

$$\tilde{u} = \tilde{u}(u, v), \tilde{v} = \tilde{v}(u, v),$$

满足条件

$$\frac{\partial \tilde{u}}{\partial u} = \frac{\partial \tilde{v}}{\partial v}, \quad \frac{\partial \tilde{u}}{\partial v} = -\frac{\partial \tilde{v}}{\partial u},$$

则仍旧有

$$\left|\frac{\partial \boldsymbol{X}}{\partial \tilde{u}}\right|^2 = \left|\frac{\partial \boldsymbol{X}}{\partial \tilde{v}}\right|^2, \quad \frac{\partial \boldsymbol{X}}{\partial \tilde{u}} \cdot \frac{\partial \boldsymbol{X}}{\partial \tilde{v}} = 0.$$

因此 M 有等温参数表示 $\boldsymbol{X}: D \to \mathbf{R}^3$, 其中 $D = \mathbf{C}$ 或 $\{w \in \mathbf{C}: |w| < 1\}$. 前面的断言成立.

观察第七章中所给出的正螺旋面及 Scherk 极小曲面的图形, 不难发现这些曲面中包含了一些直线, 而且曲面关于这些直线是对称的, 这个事实反映了下面的一般性原理, 通常称为极小曲面的反射原理: 若 M 是以 Γ 为边界的一块

极小曲面,并且 Γ 包含一条直线段 γ,则将 M 作关于 γ 的对称,便得到一个更大的极小曲面 $\widetilde{M}$,它包含直线段 γ 在它的内部,并以 γ 为对称轴.

因为关于直线段 γ 的对称是空间 $\mathbf{R}^3$ 到自身的保持定向的线性等距变换,它把曲面 M 变为与之等距的曲面 M_1,并且把 M 的平均曲率向量变为 M_1 的平均曲率向量(只要通过一些简单的计算就能证实这一点),因此当 M 是极小曲面时 M_1 也必然是极小曲面.所以,现在的问题在于:曲面 M 和 M_1 是否能够沿着直线段 γ 光滑地拼接在一起?要实现两块曲面沿边界光滑地拼接,只要在两块曲面上分别存在光滑的二阶正交标架场,使得这两个二阶正交标架场在公共边界 γ 上的限制是一致的,而且相应的主曲率函数沿公共边界 γ 也相等,并能拼接成 $M \cup M_1$ 上的可微函数.这里所谓的二阶正交标架场 $\{r; e_1, e_2, e_3\}$ 是指前两个标架向量 e_1, e_2 是曲面在点 γ 处的彼此正交的主方向单位向量,e_3 是曲面的单位法向量.这个断言实际上是曲面论基本定理([25])的推论.从直观上看,上面的条件保证了曲面 M 和 M_1 在衔接处 γ 沿各个方向的法曲率是有确定的数值的.

上面的一般讨论很容易用到我们的极小曲面 M 和 M_1 上去.在 M 上取二阶正交标架场 $\{r; e_1, e_2, e_3\}$,对应的主曲率函数为 $k_1, k_2 = -k_1$.现在直线段 γ 是曲面 M 的一段边界,然而 γ 必定是曲面 M 上的渐近曲线(其切方向是曲面的渐近方向,即它是法曲率为零的曲线). 前面我们已经提到过极小曲面上渐近方向恰好平分两个不同的主方向的夹角,因此 e_1,e_2 与 γ 所夹的锐角分别是 $45°$(图 8.2). 现在,曲面 M_1 是曲面 M 关于直线段 γ 的对称,于是 M 上附加的二阶标架场$\{r;e_1,e_2,e_3\}$ 在关于 γ 的对称下变成附加在 M_1 上的二阶标架场$\{\tilde{r};\tilde{e}_1,\tilde{e}_2,\tilde{e}_3\}$,而且对于公共边界 γ 上的任意一点 $p=\gamma(t)$,有

$$\tilde{r}(p) = r(p),$$
$$\tilde{e}_3(p) = -e_3(p), \tag{8.1}$$

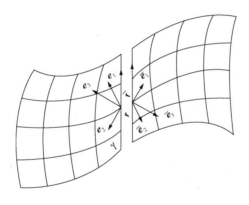

图 8.2　极小曲面上的渐近方向

此外,$\tilde{e}_1(p)$ 与 $e_1(p)$,$\tilde{e}_2(p)$ 与 $e_2(p)$ 在曲面 M 于点 p 的切平面上关于切方向 $\gamma'(t)$ 是(轴)对称的,$\tilde{k}_1(p)=k_1(p)$,$\tilde{k}_2(p)=k_2(p)$. 要得到这些关系式,只要作 M 中从点 p 出发,且分别与 e_1,e_2 相切的曲线,然后考察这些曲线在关于

γ 的对称下的像. 至于二阶标架场在关于 γ 的对称下的不变性是由于空间 $\mathbf{R}^3$ 关于 γ 的对称是保持定向的等距线性变换. 现在, 在 M_1 上另取一个单位正交标架场 $\{r^*; e_1^*, e_2^*, e_3^*\}$, 使得

$$r^* = \tilde{r},$$

$$e_1^* = -\tilde{e}_2, \quad e_2^* = -\tilde{e}_1, \quad e_3^* = -\tilde{e}_3, \quad (8.2)$$

那么 $\{r_3^*; e_1^*, e_2^*, e_3^*\}$ 仍是 M_1 上的二阶正交标架场, 而且对应的主曲率函数是

$$k_1^* \circ \sigma = -\tilde{k}_2 \circ \sigma = -k_2 = k_1,$$
$$k_2^* \circ \sigma = -\tilde{k}_1 \circ \sigma = -k_1 = k_2, \quad (8.3)$$

其中 σ 是空间 $\mathbf{R}^3$ 关于直线段 γ 的对称, $\tilde{r} \circ \sigma = r$. 由此可见, M_1 上的二阶标架场 $\{r^*; e_1^*, e_2^*, e_3^*\}$ 与 M 上的二阶标架场 $\{r; e_1, e_2, e_3\}$ 沿公共边界 γ 是重合的, 而且对应的主曲率相等:

$$k_1^* \circ \gamma = k_1 \circ \gamma, \quad k_2^* \circ \gamma = k_2 \circ \gamma.$$

因此极小曲面 M 和 M_1 能够光滑地拼接成一个曲面.

极小曲面的反射原理还能够叙述成如下形式: 设 $\boldsymbol{X}(w)$ 是 $\mathbf{R}^3$ 中定义在半圆盘 $D_1 = \{w = u + \sqrt{-1} v \in \mathbf{C}: |w| < \varepsilon, v > 0\}$ 上以 u, v 为等温参数的极小曲面. 如果在空间 $\mathbf{R}^3$ 中存在一条直线 L, 使得当 $v \to 0$ 时, $\boldsymbol{X}(w) \to L$, 则 $\boldsymbol{X}(w)$ 能延拓成为 $\mathbf{R}^3$ 中定义在整个圆盘 $D = \{w \in \mathbf{C}: |w| < \varepsilon\}$ 上的极小曲面, 而且它关于直线 L 是对称的. 这是调和函数的反

射原理的直接推论. 不妨设直线 L 的方程是

$$x_2 = x_3 = 0. \tag{8.4}$$

由于极小曲面的位置向量是等温参数 u、v 的调和函数,故 $x_2(u,v)$,$x_3(u,v)$ 是定义在半圆盘 D_1 上的调和函数. 它们可以延拓为整个圆盘 D 上的函数,只要命

$$\begin{aligned}
x_2(u,0) &= x_3(u,0) = 0, \\
x_2(u,v) &= -x_2(u,-v), \\
x_3(u,v) &= -x_3(u,-v).
\end{aligned} \tag{8.5}$$

根据调和函数的反射原理(参看[24],P.172)可知:延拓后的函数 $x_2(u,v)$,$x_3(u,v)$ 是圆盘 D 上的调和函数. 命

$$\varphi_2 = \frac{\partial x_2}{\partial u} - \sqrt{-1}\,\frac{\partial x_2}{\partial v},$$

$$\varphi_3 = \frac{\partial x_3}{\partial u} - \sqrt{-1}\,\frac{\partial x_3}{\partial v},$$

则 φ_2,φ_3 是 D 上的全纯函数,并且它们限制在实轴 $v=0$ 上是纯虚数.(因为 $\left.\frac{\partial x_2}{\partial u}\right|_{v=0} = \frac{\partial x_2(u,0)}{\partial u} = 0$, $\left.\frac{\partial x_3}{\partial u}\right|_{v=0} = \frac{\partial x_3(u,0)}{\partial u} = 0$.)

由式(6.14),得到

$$(\varphi_1)^2 = -\left[(\varphi_2)^2 + (\varphi_3)^2\right],$$

并且 $(\varphi_1)^2$ 在实轴 $v=0$ 上的限制是非负实数,因此当 $v \to 0$ 时,$\varphi_1 = \frac{\partial x_1}{\partial u} - \sqrt{-1}\,\frac{\partial x_1}{\partial v}$ 的极限是存在的,并且是实数,这意

味着 $\dfrac{\partial x_1}{\partial v}(u,0)=0$. 所以 φ_1 是上半圆盘 D_1 内全纯的函数，且它沿实轴 $v=0$ 的值的虚部为零. 根据解析函数的反射原理(实质上就是调和函数的反射原理,可参阅［24］,P. 172), φ_1 可以延拓为整个圆盘 D 上的全纯函数,只要命

$$\varphi_1(w) = \overline{\varphi_1(\bar{w})}. \qquad (8.6)$$

积分后得到

$$x_1(u,v) = x_1(u,-v).$$

这样我们得到定义在 D 上的极小曲面

$$\boldsymbol{r} = (x_1(u,v), x_2(u,v), x_3(u,v)).$$

由于

$$(x_1(u,-v), x_2(u,-v), x_3(u,-v))$$
$$= (x_1(u,v), -x_2(u,v), -x_3(u,v)),$$

故曲面上对应于 $(u,-v)$ 的点与对应于 (u,v) 的点关于直线 L 是对称的.

极小曲面的反射原理有很多应用. 最直接的应用是延拓极小曲面. 设 $ABCD$ 是空间四边形,各边的长度都相等,相邻两边的夹角都是 $60°$. 以 $ABCD$ 为边界曲线的圆盘型极小曲面是存在的(参看第九章),用肥皂膜实验也能证实这一点(参看彩页,图 8.3). 根据反射原理,这块极小曲面可以接连不断地作关于各边的反射,得到所谓的三周期的嵌入极小曲面.

最后,我们要介绍完备曲面的概念.完备性是对曲面进行大范围性质的研究时一种最重要、也是最普遍的假定.粗略地说,所谓 $\mathbf{R}^3$ 中的完备曲面是指无边界的闭曲面.在直观上看,它不能再继续延伸成为一个新曲面,使得原来的曲面是新曲面的真子集.有界的无边界的闭曲面就是紧致无边曲面,通常称为紧致曲面.如果在紧致曲面上去掉一个点,则所得的曲面就不再完备了.我们已经知道在 $\mathbf{R}^3$ 中不存在紧致无边的极小曲面,因此完备极小曲面必定是非紧完备的.关于 $\mathbf{R}^3$ 中曲面的非紧完备性可以建立常用的判别法则,我们先从曲面上的发散曲线的概念讲起.

设 D 是 $\mathbf{R}^2$ 中的一个开区域,$\alpha:[0,1)\to D$ 是一条连续曲线.如果对于包含在 D 内的任意一个紧致子集 K,必有 $t_0\in[0,1)$,使得当 $t_0<t<1$ 时总是有 $\alpha(t)\notin K$,则我们称 α 是 D 内的一条发散曲线.换言之,发散曲线 $\alpha(t)(0\leqslant t<1)$ 就是当 $t\to1$ 时 $\alpha(t)$ 不趋于 D 的内点的曲线.

设 $r:D\to\mathbf{R}^3$ 是 $\mathbf{R}^3$ 中的一个参数曲面 $S.D$ 内任意一条分段可微曲线 $\alpha(t)=(u(t),v(t))(a\leqslant t\leqslant b)$ 映为曲面 S 上一条曲线 $r\circ\alpha(t)(a\leqslant t\leqslant b)$.如第三章所述,该曲线的长度为

$$\int_a^b\sqrt{E\left(\frac{\mathrm{d}u}{\mathrm{d}t}\right)^2+2F\frac{\mathrm{d}u}{\mathrm{d}t}\frac{\mathrm{d}v}{\mathrm{d}t}+G\left(\frac{\mathrm{d}v}{\mathrm{d}t}\right)^2}\,\mathrm{d}t,\quad(8.7)$$

其中 E,F,G 是参数曲面 S 的第一基本形式的系数.若 $\alpha(t)$

$(0 \leqslant t < 1)$ 是 D 内的发散曲线,则它的长度定义为

$$\lim_{t \to 1} \int_0^t \sqrt{E\left(\frac{\mathrm{d}u}{\mathrm{d}t}\right)^2 + 2F\frac{\mathrm{d}u}{\mathrm{d}t}\frac{\mathrm{d}v}{\mathrm{d}t} + G\left(\frac{\mathrm{d}v}{\mathrm{d}t}\right)^2}\,\mathrm{d}t,$$

$$= \int_0^1 \sqrt{E\left(\frac{\mathrm{d}u}{\mathrm{d}t}\right)^2 + 2F\frac{\mathrm{d}u}{\mathrm{d}t}\frac{\mathrm{d}v}{\mathrm{d}t} + G\left(\frac{\mathrm{d}v}{\mathrm{d}t}\right)^2}\,\mathrm{d}t. \quad (8.8)$$

现在,$\mathbf{R}^3$ 中非紧完备曲面的判别准则可以叙述如下:
参数曲面 $S, r: D \to \mathbf{R}^3$ 是非紧完备的,当且仅当对于 D 内的
任意一条分段光滑的发散曲线 $\alpha(t)(0 \leqslant t < 1)$,在曲面 S 上
对应的曲线 $r(\alpha(t))(0 \leqslant t < 1)$ 的长度是无限的,即积分
(8.8)是发散的.实际上,如果在 D 内有发散曲线 $\alpha(t)(0 \leqslant$
$t < 1)$,使得积分(8.8)收敛,则由 $\mathbf{R}^3$ 的完备性可知极限
$\lim\limits_{t \to 1} r(\alpha(t))$ 是存在的,设为点 p,它必定不在曲面 S 上. 若不
然,则有 $q \in D$,使 $r(q) = p$,因而 $\lim\limits_{t \to 1} \alpha(t) = q \in D$,这与 α 是
发散曲线的假定矛盾.

我们在这里所介绍的完备曲面的概念是完备黎曼流形
的一般概念的特例.设 (M, g) 是一个 n 维连通的黎曼流形,
其中 g 是定义在 n 维微分流形 M 上的黎曼度量,即它在流
形 M 的每一点的切空间上以光滑的方式给出了一个正定
的内积.利用黎曼度量 g,可以仿照式(8.7)计算 M 上一条
分段光滑曲线的长度.我们规定流形 M 上任意两点之间的
距离是联结这两点的分段光滑曲线的长度的下确界,则 M
关于这样定义的距离函数成为一个度量空间.所谓完备黎

曼流形 (M,g) 是指 M 作为相应的度量空间是完备的,即 M 中任意一个 Cauchy 点列必有极限点. H. 霍普夫(H. Hopf)和 V. 里诺(V. Rinow)在 1931 年建立了一个著名的定理 (Hopf-Rinow 定理):连通黎曼流形 (M,g) 是完备的,当且仅当 (M,g) 上的测地线的长度可以无限地延伸. 对于参数曲面 S 而言,它的参数所定义的区域 D 是一个 2 维微分流形, $\mathbf{R}^3$ 在曲面 S 上诱导的第一基本形式 $\mathrm{I} = Edu^2 + 2Fdudv + Gdv^2$ 是 D 上的黎曼度量. 那么,S 是非紧完备曲面恰好等价于 (D, I) 是完备的黎曼流形(因为 D 是 $\mathbf{R}^2$ 中的开区域,它本身是非紧的). 关于完备黎曼流形的概念涉及相当多的知识,而且与极小曲面没有更多的关系,因此我们只满足于前面所介绍的非紧完备曲面的概念.

利用上面给出的准则,容易验证:定义在正方形 $-\frac{\pi}{2} < x < \frac{\pi}{2}, -\frac{\pi}{2} < y < \frac{\pi}{2}$ 上的 Scherk 极小曲面不是完备的. 参看第七章中的例 4. Scherk 极小曲面的 W-因子是

$$f(w) = \frac{4}{1 - w^4}, \quad g(w) = w,$$

其中 $w \in D = \{w \in \mathbf{C} : |w| < 1\}$,考虑曲线

$$\alpha(t) = \left(\frac{\sqrt{2}}{2}t, \frac{\sqrt{2}}{2}t \right), 0 \leqslant t < 1,$$

则 α 是 D 内的发散曲线,在 Scherk 曲面上对应曲线的

长度是

$$\lim_{t \to 1} \int_0^t \frac{|f|}{2}(1+|g|^2)\left|\frac{\mathrm{d}w}{\mathrm{d}t}\right| \mathrm{d}t$$

$$= \lim_{t \to 1} \int_0^t \frac{2(1+t^2)}{1+t^4} \mathrm{d}t < +\infty,$$

所以这块 Scherk 曲面不是完备的. 事实上, 当 $t \to 1$ 时, 曲面上的点趋于 $\left(\frac{\pi}{2}, -\frac{\pi}{2}, 0\right)$, 而 Scherk 曲面在这里是能够通过关于直线的对称向外延拓的, 第七章中给出的例 1, 例 2, 例 3, 以及延拓后的 Scherk 极小曲面都是完备的.

九　Plateau 问题

　　经过前面各章的讨论，我们对极小曲面的概念和性质，以及极小曲面的典型例子和图形都比较熟悉了. 在本章，我们要回头来讨论第一章中所提出的 Plateau 问题，即以给定的空间曲线为边界的面积最小的曲面的存在性. 普拉托通过他的实验把美丽、多彩的肥皂膜展现在人们的眼前，但是要用数学理论去解释普拉托的实验结果却是对数学家的严峻挑战. 在普拉托之前，拉格朗日导出了极小曲面方程，并且后来有许多数学家发现了极小曲面的一些例子. 而与普拉托同时代的魏尔斯特拉斯给出了极小曲面方程的通解，并且后来的黎曼、施瓦茨等杰出的数学家研究了以一些特殊的多边形为边界的极小曲面的存在性. 但是自从 19 世纪中叶普拉托记录下他对肥皂膜实验的详细观察以后，直到 20 世纪 30 年代之前的七十多年间，Plateau 问题没有取得突破性的进展. 究其原因,一是对 Plateau 问题本身需要有一个恰当的数学表述,二是需要找到解决问题的适用的方法. Plateau 问题说起来简单,但是要澄清问题的条件却不那么容易. Plateau 问题是一个非线性偏微分方程的边值问题,但是当时处理这类问题的手段并不多,解偏微分方程的传统方法在这里起不了作用. Plateau 问题的第一个真正的解是道格拉斯和拉多在 1930 年给出的. 尤其是道格拉斯的工作,不仅给了我们关于 Plateau 问题的一个确切的提法和肯定的回答,而且提出了解决这类问题的一种新方法. 他的方法经过许多人的简化和改进,现在已发展成所谓的"变分直接方法",是解决一大类偏微分方程的得力工具.

G. 皮亚诺(G. Peano)曾经给出过能够填满一个正方形的连续曲线的例子,所以我们不能够仅假定边界曲线是 $\mathbf{R}^3$ 中的一条连续曲线. 根据 Douglas-Rado 的解,我们假定边界曲线是一条 Jordan 曲线,即它是从平面上的一个圆周映到 $\mathbf{R}^3$ 中的同胚像. 当然,Jordan 曲线本身也是很复杂的,它可能是一个复杂的纽结. 以后我们还进一步要求边界曲线是可求长的 Jordan 曲线.

另外,我们注意到以 Jordan 曲线为边界的曲面的拓扑类型可以是花样繁多的. W. 弗莱明(W. Fleming)给出过一个很能说明问题的例子. 他的例子中的基本元件是做成如

图 1.7(参看彩页)所示的曲线. 把一串形状相同、但是尺寸逐次缩小成 r 倍($r<1$)的这种曲线接在一起,便得到如图 9.1 所示的可求长 Jordan 曲线 Γ.

图 9.1 可求长 Jordan 曲线所张的极小曲面

对于图 1.7(参看彩页)所示的曲线,张在两个互相平行的圆周上的曲面和夹在另一对平行圆周之间的柱面合在一起便成为以该曲线为边界的圆盘型曲面. 但是夹在两对圆周之间的柱面合在一起也构成以该曲线为边界的曲面,但它不再是单连通的了. 显然,后一个曲面的面积比前一个曲面的面积小(如果两个平行的圆周充分接近的话). 按这种方式,以如图 9.1 所示的 Jordan 曲线为边界的曲面有无穷多个. 如果不限定所求曲面的拓扑类型,以给定曲线为边界的面积最小的曲面可能有无限的连通度.

再者,所谓以给定曲线为边界的曲面不只是指曲面的边界与给定的曲线作为点集是一致的,而且还要求曲面的参数表示限制在定义域的边界上恰好是已知曲线的(弱)单调参数化. 所谓(弱)单调参数化的意思是:设 Γ 是 $\mathbf{R}^3$ 中一条 Jordan 曲线,C 是一个圆周,$b:C\to\Gamma$ 是一个连续映射;如果对每一点 $p\in\Gamma$,原像 $b^{-1}(p)$ 是 C 的连通子集,则称 b 是 Γ 的一个(弱)单调参数化.

最后,我们通常所称的曲面都是 $\mathbf{R}^3$ 中的正则曲面,也就是从定义域到 $\mathbf{R}^3$ 中的一个浸入映射,这样从 $\mathbf{R}^3$ 诱导在曲面上的第一基本形式处处都是正定的. 但是在解 Plateau 问题时,这是一个很不方便的限制,因此在研究 Plateau 问题时,我们先放弃曲面的正则性要求. 实际上,道格拉斯的解并没有排除奇异点存在的可能性,直到 1970 年(前后差不多相隔了 40 年),R. 奥瑟曼(R. Osserman)才证明道格拉斯的解不存在奇异点,因而是正则的(没有分枝点的)极小曲面.

现在,Plateau 问题可以叙述如下:设 Γ 是 $\mathbf{R}^3$ 中一条给定的 Jordan 曲线. $D=\{(u,v)\in\mathbf{R}^2:u^2+v^2\leqslant1\}$ 是闭单位圆盘. 考虑张在 Γ 上的圆盘型曲面类,即映射类

$$X_\Gamma=\{\boldsymbol{\psi}:D\to\mathbf{R}^3,\boldsymbol{\psi} \text{ 是分片 } C^1 \text{ 映射,且 } \boldsymbol{\psi}|_{\partial D} \text{ 是 } \Gamma \text{ 的}$$
$$\text{(弱)单调参数化}\},\qquad\qquad(9.1)$$

面积函数 A 是定义在 X_Γ 上的一个泛函.

$$A(\boldsymbol{\psi})=\int_D|\boldsymbol{\psi}_u\wedge\boldsymbol{\psi}_v|\,\mathrm{d}u\mathrm{d}v,$$

其中,

$$\mid \boldsymbol{\psi}_u \wedge \boldsymbol{\psi}_v \mid = \sqrt{\mid \boldsymbol{\psi}_u \mid^2 \mid \boldsymbol{\psi}_v \mid^2 - \mid \boldsymbol{\psi}_u \cdot \boldsymbol{\psi}_v \mid^2}.$$

所谓的 Plateau 问题就是问题 A：求映射 $\boldsymbol{\varphi} \in X_\Gamma$，使得

$$A(\boldsymbol{\varphi}) = a_\Gamma,$$

其中，

$$a_\Gamma = \inf_{\boldsymbol{\psi} \in X_\Gamma} A(\boldsymbol{\psi}). \tag{9.2}$$

显然，只有当 $a_\Gamma < \infty$ 时，问题 A 才是有意义的. 保证 $a_\Gamma < \infty$ 的一个充分条件为 Γ 是可求长曲线. 不难构造 Jordan曲线的例子，使得 $a_\Gamma = +\infty$（参看[15]，P.59），所以，我们总是假定曲线 Γ 是可求长的 Jordan 曲线.

很容易想到，如果 $a_\Gamma < \infty$，则在 X_Γ 中存在一串映射 $\{\boldsymbol{\psi}_n\}$，使得

$$\lim_{n \to \infty} A(\boldsymbol{\psi}_n) = a_\Gamma.$$

问题在于这一串映射 $\boldsymbol{\psi}_n$ 能否收敛到某个映射 $\boldsymbol{\varphi} \in X_\Gamma$，使得 $A(\boldsymbol{\varphi}) = \lim_{n \to \infty} A(\boldsymbol{\psi}_n)$？如果 $\boldsymbol{\psi}_n$ 能够在 D 上收敛到 $\boldsymbol{\varphi} \in X_\Gamma$，由于 D 是紧致的，利用泛函 A 本身的连续性，可以证明最后的极限式是成立的. 然而，一般说来，映射序列 $\{\boldsymbol{\psi}_n\}$ 是不能够在 D 上逐点（或几乎处处）收敛的；用泛函分析的术语来说，泛函 A 在函数类 X_Γ 内是缺乏紧性的. 事实上，曲面的面积在容许的参数变换下是不变的. 确切一点说，如果 $\boldsymbol{\psi} \in X_\Gamma$，而 σ 是 D 到自身的一个可微同胚，那么 $\boldsymbol{\psi} \circ \sigma$ 仍然属于 X_Γ，并且根据重积分的变量替换法则有

$$A(\boldsymbol{\psi} \circ \sigma) = A(\boldsymbol{\psi}).$$

至于以 D 的边界为不动点集的、D 到自身的可微同胚是很多的,由此可见曲面本身可以作保持边界不变、面积不变的变形,而且这种变形是相当任意的,因此我们没有理由认为 $\{\boldsymbol{\psi}_n\}$ 会在 D 上是几乎处处收敛的.

一个有效的办法是把关于面积泛函的问题 A 转换成等价的关于 Dirichlet 泛函的问题. 这是解 Plateau 问题的第一步. 为此,我们首先注意到对于 $\mathbf{R}^3$ 中的任意两个向量 $\boldsymbol{a}, \boldsymbol{b}$,有下面的初等不等式:

$$|\boldsymbol{a} \wedge \boldsymbol{b}|^2 \equiv |\boldsymbol{a}|^2 |\boldsymbol{b}|^2 - (\boldsymbol{a} \cdot \boldsymbol{b})^2$$
$$\leqslant |\boldsymbol{a}|^2 |\boldsymbol{b}|^2$$
$$\leqslant \frac{1}{4}(|\boldsymbol{a}|^2 + |\boldsymbol{b}|^2)^2,$$

而且等号成立当且仅当 $|\boldsymbol{a}|^2 = |\boldsymbol{b}|^2$,且 $\boldsymbol{a} \cdot \boldsymbol{b} = 0$. 将这个不等式用于面积泛函,我们有

$$A(\boldsymbol{\psi}) = \int_D |\boldsymbol{\psi}_u \wedge \boldsymbol{\psi}_v| \, \mathrm{d}u\mathrm{d}v$$
$$\leqslant \frac{1}{2}\int_D (|\boldsymbol{\psi}_u|^2 + |\boldsymbol{\psi}_v|^2)\mathrm{d}u\mathrm{d}v. \tag{9.3}$$

命

$$D(\boldsymbol{\psi}) = \int_D (|\boldsymbol{\psi}_u|^2 + |\boldsymbol{\psi}_v|^2)\mathrm{d}u\mathrm{d}v, \tag{9.4}$$

称为映射 $\boldsymbol{\psi}$ 的 Dirichlet 积分. 因此式(9.3)成为

$$A(\boldsymbol{\psi}) \leqslant \frac{1}{2} D(\boldsymbol{\psi}),$$

而且等号成立当且仅当在 D 上几乎处处有

$$|\boldsymbol{\psi}_u|^2 = |\boldsymbol{\psi}_v|^2, \text{且}\ \boldsymbol{\psi}_u \cdot \boldsymbol{\psi}_v = 0. \qquad (9.6)$$

上述条件意味着映射 $\boldsymbol{\psi}:D \to \mathbf{R}^3$ 在正则点处是共形映射,即当 $|\boldsymbol{\psi}_u| > 0$ 时,映射 $\boldsymbol{\psi}$ 在 D 上诱导出一个共形度量

$$ds^2 = \lambda^2 (du^2 + dv^2),$$

其中 $\lambda^2 = |\boldsymbol{\psi}_u|^2 = |\boldsymbol{\psi}_v|^2$,所以 (u,v) 是对应的曲面上(除去非正则点外)的等温参数. 我们把满足条件 (9.6) 的映射称为殆共形映射.

若命

$$d_\Gamma = \inf_{\boldsymbol{\psi} \in X_r} D(\boldsymbol{\psi}), \qquad (9.7)$$

则由式 (9.3) 得

$$a_\Gamma \leqslant \frac{1}{2} d_\Gamma. \qquad (9.8)$$

另一方面我们能够证明:对于任意的 $\boldsymbol{\psi} \in X_\Gamma$,及 $\varepsilon > 0$,必存在 $\boldsymbol{\psi}$ 的重新参数化 $\widetilde{\boldsymbol{\psi}} \in X_\Gamma$,使得

$$\frac{1}{2} D(\widetilde{\boldsymbol{\psi}}) \leqslant A(\widetilde{\boldsymbol{\psi}}) + \varepsilon = A(\boldsymbol{\psi}) + \varepsilon. \qquad (9.9)$$

为此,对于 $r \geqslant 0$,考虑映射

$$\boldsymbol{\psi}_r(u,v) = (\boldsymbol{\psi}(u,v), ru, rv).$$

自然 $\boldsymbol{\psi}_r$ 是从 D 到 $\mathbf{R}^5$ 的映射. 当 $r \neq 0$ 时,$\boldsymbol{\psi}_r$ 不属于映射类 X_Γ. 但是我们同样能计算映射 $\boldsymbol{\psi}_r$ 的面积 $A(\boldsymbol{\psi}_r)$,并且

$A(\boldsymbol{\psi}_r)$ 连续地依赖 r. 实际上

$$A(\boldsymbol{\psi}_r) = \int_D |(\boldsymbol{\psi}_r)_u \wedge (\boldsymbol{\psi}_r)_v| \, dudv$$

$$= \int_D \sqrt{|\boldsymbol{\psi}_u \wedge \boldsymbol{\psi}_v|^2 + r^2(|\boldsymbol{\psi}_u|^2 + |\boldsymbol{\psi}_v|^2) + r^4} \, dudv,$$

所以对于任意给定的 $\varepsilon > 0$, 有 $\delta > 0$, 当 $r \leqslant \delta$ 时有

$$|A(\boldsymbol{\psi}_r) - A(\boldsymbol{\psi})| < \varepsilon.$$

根据第八章中叙述的 Koebe 一致化定理, 以及曲面上等温参数系的局部存在性, 必定可以将 $\boldsymbol{\psi}_r$ 重新参数化得到映射 $\widetilde{\boldsymbol{\psi}_r}: D \rightarrow \mathbf{R}^5$, 它是殆共形映射, 映射 $\widetilde{\boldsymbol{\psi}_r}$ 可以表示为

$$\widetilde{\boldsymbol{\psi}_r}(x, y) = (\widetilde{\boldsymbol{\psi}}(x, y), ru(x, y), rv(x, y))$$

其中,

$$\widetilde{\boldsymbol{\psi}}(x, y) = \boldsymbol{\psi}(u(x, y), v(x, y))$$

只是 $\boldsymbol{\psi}$ 的重新参数化, 因而 $\widetilde{\boldsymbol{\psi}} \in X_r$, 由此得

$$D(\widetilde{\boldsymbol{\psi}}) \leqslant D(\widetilde{\boldsymbol{\psi}_r}) = 2A(\widetilde{\boldsymbol{\psi}_r}) = 2A(\boldsymbol{\psi}_r)$$

$$\leqslant 2A(\boldsymbol{\psi}) + 2\varepsilon$$

$$= 2A(\widetilde{\boldsymbol{\psi}}) + 2\varepsilon.$$

于是我们得到相反的不等式

$$a_\Gamma \geqslant \frac{1}{2} d_\Gamma. \tag{9.10}$$

联合式(9.8), 则得

$$a_\Gamma = \frac{1}{2} d_\Gamma. \tag{9.11}$$

现在,Plateau 问题(问题 A)归结为问题 D:求 $\boldsymbol{\varphi}\in X_\Gamma$,
使得

$$D(\boldsymbol{\varphi}) = d_\Gamma.$$

实际上,如果找到 $\boldsymbol{\varphi}\in X_\Gamma$,使得 $D(\boldsymbol{\varphi})=d_\Gamma$,则我们有

$$a_\Gamma \leqslant A(\boldsymbol{\varphi}) \leqslant \frac{1}{2}D(\boldsymbol{\varphi}) = \frac{1}{2}d_\Gamma = a_\Gamma,$$

因此

$$A(\boldsymbol{\varphi}) = \frac{1}{2}D(\boldsymbol{\varphi}) = a_\Gamma,$$

并且 $\boldsymbol{\varphi}:D\to\mathbf{R}^3$ 是殆共形映射.这样,$\boldsymbol{\varphi}$ 是问题 A 的解.

应该指出的是,泛函 D 在映射类 X_Γ 内仍然是缺乏紧性的,原因是 Dirichlet 积分 $D(\boldsymbol{\varphi})$ 在定义域 D 到自身的共形变换下是不变的.具体一点说,如果 $\boldsymbol{\psi}\in X_\Gamma,\sigma:D\to D$ 是共形变换,则 $\boldsymbol{\psi}\circ\sigma\in X_\Gamma$,并且 $D(\boldsymbol{\psi}\circ\sigma)=D(\boldsymbol{\psi})$.事实上,若记

$$\sigma(\xi,\eta) = (u(\xi,\eta),v(\xi,\eta)),$$

σ 是共形变换是指 $u(\xi,\eta),v(\xi,\eta)$ 满足 Cauchy-Riemann 方程:

$$\frac{\partial u}{\partial \xi} = \frac{\partial v}{\partial \eta}, \quad \frac{\partial u}{\partial \eta} = -\frac{\partial v}{\partial \xi}.$$

这样,

$$\frac{\partial(\boldsymbol{\psi}\circ\sigma)}{\partial \xi} = \frac{\partial \boldsymbol{\psi}}{\partial u}\frac{\partial u}{\partial \xi} + \frac{\partial \boldsymbol{\psi}}{\partial v}\frac{\partial v}{\partial \xi},$$

$$\frac{\partial(\boldsymbol{\psi} \circ \sigma)}{\partial \eta} = \frac{\partial \boldsymbol{\psi}}{\partial u}\frac{\partial u}{\partial \eta} + \frac{\partial \boldsymbol{\psi}}{\partial v}\frac{\partial v}{\partial \eta}.$$

所以

$$| (\boldsymbol{\psi} \circ \sigma)_{\xi} |^2 + | (\boldsymbol{\psi} \circ \sigma)_{\eta} |^2$$

$$= (| \boldsymbol{\psi}_u |^2 + | \boldsymbol{\psi}_v |^2) \cdot \left[\left(\frac{\partial u}{\partial \xi}\right)^2 + \left(\frac{\partial u}{\partial \eta}\right)^2 \right]$$

$$= (| \boldsymbol{\psi}_u |^2 + | \boldsymbol{\psi}_v |^2) \cdot \frac{\partial(u,v)}{\partial(\xi,\eta)},$$

故有

$$D(\boldsymbol{\psi} \circ \sigma) = \int_D (| (\boldsymbol{\psi} \circ \sigma)_{\xi} |^2 + | (\boldsymbol{\psi} \circ \sigma)_{\eta} |^2) \mathrm{d}\xi\mathrm{d}\eta$$

$$= \int_{\sigma(D)} (| \boldsymbol{\psi}_u |^2 + | \boldsymbol{\psi}_v |^2) \mathrm{d}u\mathrm{d}v = D(\boldsymbol{\psi}).$$

然而 D 到自身的共形变换构成的群比 D 到自身的可微同胚群要小得多. D 到自身的共形变换恰好是如下的分式线性变换

$$w = \mathrm{e}^{\sqrt{-1}\theta}\frac{a-\zeta}{1-\bar{a}\zeta}, \tag{9.12}$$

其中 $\theta \in \mathbf{R}, |a| < 1, \zeta = \xi + \sqrt{-1}\eta, w = u + \sqrt{-1}v$, 它们构成 Möbius 群 G. 此外, 对于单位圆 ∂D 上顺向排列的任意三点 Q_1, Q_2, Q_3, 存在唯一的一个元素 $g \in G$, 使得它在 D 上的作用把 Q_1, Q_2, Q_3 依次映到 $P_j = \mathrm{e}^{\sqrt{-1} \cdot \frac{2\pi}{3}(j-1)}$ $(j=1,2,3)$. 因此, 对于 Dirichlet 积分的极小化序列需要进行规范化, 从而才能选出一个收敛的子序列. 为此, 需要下面两个

事实：

1° 设 $b:\partial D\to\Gamma$ 是一个连续映射，命

$$X_b=\{\boldsymbol{\psi}:D\to\mathbf{R}^3,\boldsymbol{\psi}\text{ 是分片 }C^1\text{ 映射，且 }\boldsymbol{\psi}|_{\partial D}=b\},\quad(9.13)$$

则存在 $\boldsymbol{\varphi}\in X_b$，使得 $\boldsymbol{\varphi}$ 在 D 的内部是调和函数，而且当

$$d_b=\inf_{\boldsymbol{\psi}\in X_b}D(\boldsymbol{\psi})<\infty\quad(9.14)$$

时，满足 $D(\boldsymbol{\varphi})=d_b$. 这个事实通常称为 Dirichlet 原理.

2° 在 Γ 上顺向取定三点 Q_1,Q_2,Q_3，并设

$$P_j=e^{\sqrt{-1}\cdot\frac{2\pi}{3}(j-1)},j=1,2,3.$$

是 ∂D 上三点，设 $M>d_\Gamma$，命

$$X^*_{\Gamma,M}=\{\boldsymbol{\psi}\in X_\Gamma:\boldsymbol{\psi}(p_j)=Q_j,j=1,2,3,\text{且 }D(\boldsymbol{\psi})\leqslant M\}.$$

则对于任意给定的 $\varepsilon>0$，存在 $\delta>0$，使得只要 $\boldsymbol{\psi}\in X^*_{\Gamma,m}$，且 $w_1,w_2\in\partial D,|w_1-w_2|<\delta$，就有

$$|\boldsymbol{\psi}(w_1)-\boldsymbol{\psi}(w_2)|<\varepsilon.$$

换言之，属于 $X^*_{\Gamma,M}$ 的映射在 ∂D 上是等度一致连续的.

第 2 个事实是利用积分中值定理进行估计的结果，在这里就不叙述它的证明了（读者可以参看[15]，P.65）. 第一个事实是调和函数的 Poisson 积分公式的推论. 如果 $u:D\to\mathbf{R}^3$ 是定义在单位圆盘 D 上的连续函数，且在 D 的内部是调和函数，则 Poisson 公式把 u 在 D 的内点的值表示成 u 在边界 ∂D 上的值的积分：

$$u(z)=\frac{1}{2\pi}\int_0^{2\pi}\frac{1-|z|^2}{|e^{\sqrt{-1}\theta}-z|^2}u(e^{\sqrt{-1}\theta})d\theta,\quad(9.15)$$

其中 $|z|<1$. 反过来, 如果给定了连续映射 $b:\partial D\to\mathbf{R}^3$, 则根据 Schwarz 定理(参看[24], P. 169), 由

$$\boldsymbol{\varphi}(z) = \frac{1}{2\pi}\int_0^{2\pi} \frac{1-|z|^2}{|e^{\sqrt{-1}\theta}-z|^2} b(e^{\sqrt{-1}\theta})\mathrm{d}\theta$$

给出的函数在 D 的内部是调和的, 并且当 $z\to z_0\in\partial D$ 时, $\boldsymbol{\varphi}(z)\to b(z_0)$, 因此 $\boldsymbol{\varphi}\in X_b$. 此外, 对于任意的 $\boldsymbol{\psi}\in X_b$, 命 $\boldsymbol{\xi}=\boldsymbol{\psi}-\boldsymbol{\varphi}$, 则通过直接计算得

$$D(\boldsymbol{\psi}) = D(\boldsymbol{\varphi}) + D(\boldsymbol{\xi}) + 2\int_D \left(\frac{\partial\boldsymbol{\xi}}{\partial u}\cdot\frac{\partial\boldsymbol{\varphi}}{\partial u}+\frac{\partial\boldsymbol{\xi}}{\partial v}\cdot\frac{\partial\boldsymbol{\varphi}}{\partial v}\right)\mathrm{d}u\mathrm{d}v.$$

由于 $\boldsymbol{\xi}|_{\partial D}\equiv 0$, 并且 $\boldsymbol{\varphi}$ 是调和函数, 利用 Green 公式得

$$\int_D \left(\frac{\partial\boldsymbol{\xi}}{\partial u}\cdot\frac{\partial\boldsymbol{\varphi}}{\partial u}+\frac{\partial\boldsymbol{\xi}}{\partial v}\cdot\frac{\partial\boldsymbol{\varphi}}{\partial v}\right)\mathrm{d}u\mathrm{d}v$$

$$=\int_{\partial D}\left[-\left(\boldsymbol{\xi}\cdot\frac{\partial\boldsymbol{\varphi}}{\partial v}\right)\mathrm{d}u+\left(\boldsymbol{\xi}\cdot\frac{\partial\boldsymbol{\varphi}}{\partial u}\right)\mathrm{d}v\right]-\int_D\boldsymbol{\xi}\cdot\Delta\varphi\mathrm{d}u\mathrm{d}v$$

$$=0.$$

因此

$$D(\boldsymbol{\psi}) = D(\boldsymbol{\varphi}) + D(\boldsymbol{\xi}) \geqslant D(\boldsymbol{\varphi}).$$

当 $d_b<\infty$ 时, 上式意味着

$$D(\boldsymbol{\varphi}) = d_b.$$

现在我们可以求解问题 D 了. 在 Jordan 曲线 Γ 上顺向取定三个点 Q_1, Q_2, Q_3, 同时在 ∂D 上顺向取定三个点 P_1, P_2, P_3, 如前所述. 设 $\{\boldsymbol{\psi}_n\}$ 是映射类 X_Γ 中使 Dirichlet 积分极小化的序列. 对于每一个映射 $\boldsymbol{\psi}_n$, 必有在 D 内调和的函

数 $\boldsymbol{\varphi}_n:D\rightarrow\mathbf{R}^3$,使得 $\boldsymbol{\varphi}_n|_{\partial D}=\boldsymbol{\psi}_n|_{\partial D}$,并且 $D(\boldsymbol{\varphi}_n)\leqslant D(\boldsymbol{\psi}_n)$(根据 Dirichlet 原理). 由于 $\boldsymbol{\psi}_n|_{\partial D}$ 是 Γ 的单调参数化,故有 Q_{jn} $(j=1,2,3)\in\partial D$,使得

$$\boldsymbol{\psi}_n(Q_{jn})=P_j,\quad j=1,2,3.$$

同时有唯一的分式线性变换 $\sigma_n\in G$,使得

$$\sigma_n(Q_j)=Q_{jn},j=1,2,3.$$

命 $\tilde{\boldsymbol{\varphi}}_n=\boldsymbol{\varphi}_n\circ\sigma_n$,由于 Dirichlet 积分在共形变换下的不变性,故有

$$D(\tilde{\boldsymbol{\varphi}}_n)=D(\boldsymbol{\varphi}_n),$$

因而

$$\lim_{n\rightarrow\infty}D(\tilde{\boldsymbol{\varphi}}_n)=d_\Gamma,$$

且

$$\tilde{\boldsymbol{\varphi}}_n(Q_j)=P_j,j=1,2,3.$$

由前面所提到的事实 2,$\{\tilde{\boldsymbol{\varphi}}_n|_{\partial D}\}$ 是等度、一致连续的,根据 Poisson 公式

$$\tilde{\boldsymbol{\varphi}}_n(z)=\frac{1}{2\pi}\int_0^{2\pi}\frac{1-|z|^2}{|e^{\sqrt{-1}\theta}-z|^2}\tilde{\boldsymbol{\varphi}}_n(e^{\sqrt{-1}\theta})\mathrm{d}\theta,$$

$|z|<1$,可知序列 $\{\tilde{\boldsymbol{\varphi}}_n\}$ 在任意一个包含在 D 内部的紧致子集上是一致收敛的. 设极限为 $\boldsymbol{\varphi}:D\rightarrow\mathbf{R}^3$,而且 $\boldsymbol{\varphi}$ 在 D 的内部是调和的,$\boldsymbol{\varphi}|_{\partial D}$ 是 $\{\tilde{\boldsymbol{\varphi}}_n|_{\partial D}\}$ 的极限,故 $\boldsymbol{\varphi}\in X_\Gamma$. 显然,我们有

$$D(\boldsymbol{\varphi})=\lim_{n\rightarrow\infty}D(\tilde{\boldsymbol{\varphi}}_n)=d_\Gamma.$$

所以 $\boldsymbol{\varphi}$ 是问题 D 的解,也是问题 A 的解.

我们把 Douglas 给出的 Plateau 问题的解叙述如下：设 Γ 是 $\mathbf{R}^3$ 中一条 Jordan 曲线，并且 $a_\Gamma = \inf_{\psi \in X_\Gamma} A(\psi) < \infty$，则存在定义在单位圆盘 D 上的连续映射 $\varphi: D \to \mathbf{R}^3$，满足以下条件：

(1) $\varphi|_{\partial D}$ 把 ∂D（弱）单调地映到曲线 Γ 上；

(2) φ 在 D 的内部是调和函数，而且是殆共形映射；

(3) $A(\varphi) = a_\Gamma$.

由于 Γ 可以是非常复杂的纽结，所以道格拉斯所给出的结果是十分惊人的. 在道格拉斯的工作发表之后，极小曲面研究进入一个新的时期，Plateau 问题成为这个阶段的一个中心课题. 但是，道格拉斯的解的正则性是遗留问题之一. 直到 1970 年，奥瑟曼通过仔细地研究 $\mathbf{R}^3$ 中极小曲面的分枝点的一般性状，最后证明了道格拉斯的解在 D 的内部是正则的，不会出现分枝点. 关于正则性的讨论，读者可以参看[15]，[16].

当 Γ 是多条 Jordan 曲线的情形，道格拉斯曾经给出过下面的结果：如果 Γ_1, Γ_2 是 $\mathbf{R}^3$ 中两条 Jordan 曲线，而且 $\Gamma_1 \cap \Gamma_2 = \varnothing$. 如果以 $\Gamma = \Gamma_1 \cup \Gamma_2$ 为边界的一个环状曲面的面积小于分别张在 Γ_1, Γ_2 上的圆盘型极小曲面的面积之和，则必存在以 Γ 为边界的环状极小曲面. 这里所谓的环状曲面是指平面上的圆环到 $\mathbf{R}^3$ 中的连续映射的像.

Plateau 问题至今仍然是极小曲面研究的一个重要课

题. 关于 Plateau 问题的研究, 带动了数学的许多分支的发展, 特别是变分学以及偏微分方程的现代方法; 它也促使许多数学的新概念和新方法的产生和发展, 特别是几何测度论应运而生. 关于这方面的介绍可参看 Almgren 的[1]和 Federer 的[9]. 随着变分直接方法在解偏微分方程时的成功运用, 临界点理论也已经广泛地用于解非线性偏微分方程, 这种方法能够处理非极小化的解, 因而使极小曲面方程的多重解的研究比较活跃地展开了. 关于这方面的情况可参看[21].

十 极小曲面的 Bernstein 定理

在第二章中我们已经导出函数 $z = \varphi(x, y)$ 的图像是极小曲面时应该满足的方程：

$$(1 + \varphi_y^2)\varphi_{xx} - 2\varphi_x\varphi_y\varphi_{xy} + (1 + \varphi_x^2)\varphi_{yy} = 0, \quad (10.1)$$

这是非线性二阶偏微分方程. 1915 年，S. 伯恩斯坦（S. Bernstein）证明了：方程(10.1)在全平面$\{(x, y) \in \mathbf{R}^2\}$上的解只有一次多项式 $\varphi = ax + by + c$，其中 a, b, c 为常数. 这是关于非线性偏微分方程的一个十分深刻的整体性结果，称为极小曲面的 Bernstein 定理.

由于 Bernstein 定理的重要性和深刻性，它一直在吸引着许多数学家的注意力，因此产生了许多关于它的证法和各种各样的推广. 我们在这里叙述的是尼切所给出的一个证明，所用的概念和工具比较少，是比较初等的一个证明. 他把 Bernstein 定理归结为下面的 Jörgens 定理：若函数 z

$=\varphi(x, y)$ 是方程

$$\begin{vmatrix} \dfrac{\partial^2 \varphi}{\partial x^2} & \dfrac{\partial^2 \varphi}{\partial x \partial y} \\[4mm] \dfrac{\partial^2 \varphi}{\partial x \partial y} & \dfrac{\partial^2 \varphi}{\partial y^2} \end{vmatrix} = 1, \tag{10.2}$$

$$\frac{\partial^2 \varphi}{\partial x^2} > 0$$

在全平面 $\{(x, y) \in \mathbf{R}^2\}$ 上的解，则 $\varphi(x, y)$ 必是 x, y 的二次多项式.

先假定 Jörgens 定理是成立的. 设曲面 $z = \varphi(x, y)$ 在全平面 $\{(x, y) \in \mathbf{R}^2\}$ 上满足极小曲面方程 (10.1)，由第二章最后的讨论可知存在定义在 $\mathbf{R}^2$ 上的连续可微函数 $S(x, y), T(x, y)$ 满足方程

$$\frac{\partial S}{\partial x} = \frac{1 + p^2}{\sqrt{1 + p^2 + q^2}}, \quad \frac{\partial S}{\partial y} = \frac{pq}{\sqrt{1 + p^2 + q^2}},$$

$$\frac{\partial T}{\partial x} = \frac{pq}{\sqrt{1 + p^2 + q^2}}, \quad \frac{\partial T}{\partial y} = \frac{1 + q^2}{\sqrt{1 + p^2 + q^2}},$$

$$\tag{10.3}$$

其中 $p = \dfrac{\partial \varphi}{\partial x}, q = \dfrac{\partial \varphi}{\partial y}$. 由于 $\dfrac{\partial T}{\partial x} = \dfrac{\partial S}{\partial y}$，根据 Green 公式 (2.11) 可知在单连通区域 $\mathbf{R}^2$ 上存在函数 $\psi(x, y)$，满足

$$\frac{\partial \psi}{\partial x} = S, \quad \frac{\partial \psi}{\partial y} = T, \tag{10.4}$$

于是式 (10.3) 成为

$$\frac{\partial^2 \psi}{\partial x^2} = \frac{1+p^2}{\sqrt{1+p^2+q^2}},$$

$$\frac{\partial^2 \psi}{\partial y^2} = \frac{1+q^2}{\sqrt{1+p^2+q^2}},$$ 　(10.5)

$$\frac{\partial^2 \psi}{\partial x \partial y} = \frac{pq}{\sqrt{1+p^2+q^2}},$$

所以函数 $\psi(x,y)$ 在全平面 $\{(x,y) \in \mathbf{R}^2\}$ 上满足方程

$$\begin{vmatrix} \dfrac{\partial^2 \psi}{\partial x^2} & \dfrac{\partial^2 \psi}{\partial x \partial y} \\[2mm] \dfrac{\partial^2 \psi}{\partial x \partial y} & \dfrac{\partial^2 \psi}{\partial y^2} \end{vmatrix} = 1,$$

且 $\dfrac{\partial^2 \psi}{\partial x^2} > 0$. 由 Jörgens 定理得到 ψ 是二次多项式, 故 $\dfrac{\partial^2 \psi}{\partial x^2}$,

$\dfrac{\partial^2 \psi}{\partial x \partial y}, \dfrac{\partial^2 \psi}{\partial y^2}$ 均为常数, 分别设为 a, b, c. 由式(10.5)得

$$\sqrt{1+p^2+q^2} - \frac{q^2}{\sqrt{1+p^2+q^2}} = a,$$

$$\sqrt{1+p^2+q^2} - \frac{p^2}{\sqrt{1+p^2+q^2}} = c,$$

因此

$$(\sqrt{1+p^2+q^2} - a)(\sqrt{1+p^2+q^2} - c) = b^2,$$

故 $\sqrt{1+p^2+q^2}$ 为常数. 再结合前面两式得到 $p = \dfrac{\partial \varphi}{\partial x}, q = \dfrac{\partial \varphi}{\partial y}$

为常数, 故 $\varphi(x,y)$ 为 x, y 的一次多项式.

　　至于 Jörgens 定理给出的是一类特殊的 Monge-

Ampère方程的整体解,它的证明受到第六章中所作的变换
(6.1)的启示.

设函数 $z=\varphi(x,y)$ 在全平面 $\mathbf{R}^2$ 上满足方程(10.1),命
$p=\dfrac{\partial \varphi}{\partial x}, q=\dfrac{\partial \varphi}{\partial y}, r=\dfrac{\partial^2 \varphi}{\partial x^2}, s=\dfrac{\partial^2 \varphi}{\partial x \partial y}, t=\dfrac{\partial^2 \varphi}{\partial y^2}$,则

$$rt - s^2 = 1,且\ r > 0.$$

固定 $(x_0, y_0), (x_1, y_1) \in \mathbf{R}^2$,考虑函数
$$h(\tau) = \varphi(x_0 + \tau(x_1 - x_0), y_0 + \tau(y_1 - y_0)),$$
则
$$h'(\tau) = (x_1 - x_0)p + (y_1 - y_0)q,$$
$$h''(\tau) = (x_1 - x_0)^2 r + 2(x_1 - x_0)(y_1 - y_0)s +$$
$$(y_1 - y_0)^2 t \geq 0,$$

其中 p, q, r, s, t 都在点 $(x_0 + \tau(x_1 - x_0), y_0 + \tau(y_1 - y_0))$ 处
求值,不等式是由于判别式 $s^2 - rt = -1 < 0$. 因此,$h'(\tau)$ 是
单调递增的,特别是有
$$h'(1) \geq h'(0),$$
即
$$(x_1 - x_0)(p_1 - p_0) + (y_1 - y_0)(q_1 - q_0) \geq 0,$$
$$(10.6)$$

其中 $p_i = p(x_i, y_i), q_i = q(x_i, y_i), i = 0, 1.$

考虑变换(称为 Lewy 变换,类似于式(6.1))
$$T : \mathbf{R}^2 \to \mathbf{R}^2,$$

$$\begin{cases} \xi(x,y) = x + p(x,y), \\ \eta(x,y) = y + q(x,y). \end{cases} \tag{10.7}$$

则不等式(10.6)意味着

$$(\xi_1 - \xi_0)^2 + (\eta_1 - \eta_0)^2 \geqslant (x_1 - x_0)^2 + (y_1 - y_0)^2,$$

故 T 是 $\mathbf{R}^2$ 上距离增大的变换,因而 T 必是单一的映射.另外,T 的 Jacobi 行列式是

$$\begin{vmatrix} \dfrac{\partial \xi}{\partial x} & \dfrac{\partial \xi}{\partial y} \\ \dfrac{\partial \eta}{\partial x} & \dfrac{\partial \eta}{\partial y} \end{vmatrix} = \begin{vmatrix} 1+r & s \\ s & 1+t \end{vmatrix} = 1 + r + t + rt - s^2$$

$$= 2 + r + t \geqslant 2,$$

故 T 是浸入,像集 $T(\mathbf{R}^2)$ 是 $\mathbf{R}^2$ 的开子集.但是 $T(\mathbf{R}^2)$ 也是 $\mathbf{R}^2$ 的闭子集.因为若设 $T(x_i, y_i) \to (x_0, y_0)$,则 $\{T(x_i, y_i)\}$ 是 $\mathbf{R}^2$ 中的 Cauchy 点列;由于 T 是距离增加的,故 $\{(x_i, y_i)\}$ 仍是 $\mathbf{R}^2$ 中的 Cauchy 点列,根据 $\mathbf{R}^2$ 的完备性,$(x_i, y_i) \to (\tilde{x}_0, \tilde{y}_0) \in \mathbf{R}^2$,因此 $(x_0, y_0) = T(\tilde{x}_0, \tilde{y}_0) \in T(\mathbf{R}^2)$.由此可见 $T(\mathbf{R}^2) = \mathbf{R}^2$,$T$ 是 $\mathbf{R}^2$ 到它自身的可微同胚.我们用 T^{-1} 表示 T 的逆变换,则它的 Jacobi 矩阵恰好是 T 的 Jacobi 矩阵的逆:

$$\begin{pmatrix} \dfrac{\partial x}{\partial \xi} & \dfrac{\partial x}{\partial \eta} \\ \dfrac{\partial y}{\partial \xi} & \dfrac{\partial y}{\partial \eta} \end{pmatrix} = \begin{pmatrix} \dfrac{\partial \xi}{\partial x} & \dfrac{\partial \xi}{\partial y} \\ \dfrac{\partial \eta}{\partial x} & \dfrac{\partial \eta}{\partial y} \end{pmatrix}^{-1}$$

$$= \frac{1}{2+r+t}\begin{pmatrix} 1+t & -s \\ -s & 1+r \end{pmatrix}. \qquad (10.8)$$

现在通过逆变换 T^{-1} 把 x,y,p,q 看作 ξ,η 的函数,命

$$F(\xi,\eta) = (x - \sqrt{-1}\,y) - (p - \sqrt{-1}\,q),$$

$$\zeta = \xi + \sqrt{-1}\,\eta, \qquad (10.9)$$

那么

$$\frac{\partial(x-p)}{\partial\xi} = \frac{-r+t}{2+r+t}, \quad \frac{\partial(-y+q)}{\partial\xi} = \frac{2s}{2+r+t},$$

$$\frac{\partial(x-p)}{\partial\eta} = \frac{-2s}{2+r+t}, \quad \frac{\partial(-y+q)}{\partial\eta} = \frac{-r+t}{2+r+t},$$

所以 Cauchy-Riemann 方程成立:

$$\frac{\partial(x-p)}{\partial\xi} = \frac{\partial(-y+q)}{\partial\eta}, \quad \frac{\partial(x-p)}{\partial\eta} = -\frac{\partial(-y+q)}{\partial\xi},$$

$$(10.10)$$

故 $F(\zeta)=F(\xi,\eta)$ 是 ζ 的全纯函数. 此外,

$$F'(\zeta) = \frac{\partial(x-p)}{\partial\xi} + \sqrt{-1}\,\frac{\partial(-y+q)}{\partial\xi}$$

$$= \frac{(-r+t)+2\sqrt{-1}\,s}{2+r+t},$$

$$1 - |F'(\zeta)|^2 = \frac{4}{2+r+t} > 0,$$

$$(10.11)$$

于是 $F'(\zeta)$ 是在全平面 **C** 上有界的全纯函数,根据Liouville 定理,$F'(\zeta)=$ 常数,由此得到 r,s,t 均为常数,$\varphi(x,y)$ 为 x,

y 的二次多项式,证毕.

Bernstein 定理是非线性偏微分方程的大范围解的一个唯一性定理. 要从几何上推广 Bernstein 定理,必须弄清楚条件的几何意义. 首先,我们注意到定义在整个平面 $\mathbf{R}^2$ 上的函数图像是一个完备曲面. 实际上,若 $\sigma(t) = (x(t), y(t)), t \in [0,1)$ 是 $\mathbf{R}^2$ 中的一条发散曲线,则 $\lim\limits_{t \to 1} x(t)^2 + y(t)^2 = +\infty$. 在函数 $z = \varphi(x, y)$ 的图像上对应的曲线为

$$\gamma(t) = (x(t), y(t), \varphi(x(t), y(t))), t \in [0,1),$$

其长度为 $\lim\limits_{t \to 1} L_0^t(\gamma)$,其中

$$L_0^t(\gamma) = \int_0^t \sqrt{x'(t)^2 + y'(t)^2 + [x'(t)\varphi_x + y'(t)\varphi_y]^2} \, dt$$

$$\geqslant \int_0^t \sqrt{x'(t)^2 + y'(t)^2} \, dt = L_0^t(\sigma)$$

$$\geqslant \sqrt{[x(t) - x(0)]^2 + [y(t) - y(0)]^2} \to \infty,$$

因此在该函数图像上任意一条发散曲线的长度是无限的,即它是完备曲面. 自然,它也是一个单连通的曲面. 此外,根据第四章中的计算,它的单位法向量场是

$$\boldsymbol{n} = \left(\frac{\varphi_x}{\sqrt{1 + \varphi_x^2 + \varphi_y^2}}, \frac{\varphi_y}{\sqrt{1 + \varphi_x^2 + \varphi_y^2}}, -\frac{1}{\sqrt{1 + \varphi_x^2 + \varphi_y^2}} \right)$$

(我们将第四章中给出的单位法向量改变了指向,使它指向下),因此 $\boldsymbol{n}$ 与 z 轴夹角余弦为 $-\dfrac{1}{\sqrt{1 + \varphi_x^2 + \varphi_y^2}} < 0$. 在曲面上引进等温参数系,使得该曲面是从区域 $D \subset \mathbf{C}$ 到 $\mathbf{R}^3$ 中的

共形映射. 设对应的 W-因子是 f,g, 则由第六章的讨论可知

$$n = \left(\frac{2\mathrm{Re}g}{\mid g \mid^2 + 1}, \frac{2\mathrm{Im}g}{\mid g \mid^2 + 1}, \frac{\mid g \mid^2 - 1}{\mid g \mid^2 + 1} \right).$$

对照 g 的两个表达式得

$$\mid g \mid < 1, \tag{10.12}$$

即 g 是定义在区域 D 上的有界全纯函数.

根据 Koebe 一致化定理, 区域 D 或者共形等价于 $\mathbf{C}$, 或者共形等价于单位圆盘 $\{w \in \mathbf{C}: \mid w \mid < 1\}$. 然而, 著名的 Liouville 定理说: 在全平面上定义的有界全纯函数必为常数. 因此, 如果我们能够证明 D 不能共形等价于单位圆盘, 则 g 必定是常值函数, 即单位法向量 n 是常向量, 这就证明了 Bernstein 定理.

事实上, 奥瑟曼在 1959 年基于这种思路证明了一个比 Bernstein 定理更强的结果, 它最早是作为 Nirenberg 猜想叙述的 (称为 Nirenberg-Osserman 定理): 如果 $\mathbf{R}^3$ 中一个完备极小曲面的 Gauss 映射不取单位球面上某点的一个邻域内的值, 则它必为平面. 换言之, 如果 M 是 $\mathbf{R}^3$ 中非平面的完备极小曲面, 则它在 Gauss 映射下的像在单位球面上是处处稠密的.

奥瑟曼的证明如下: 不妨假定曲面 M 是单连通的; 要不然, 可以考虑 M 的万有覆盖曲面 $\widetilde{M}$, 从而 $\widetilde{M}$ 是 $\mathbf{R}^3$ 中的

单连通完备极小曲面(从外观上看,我们见到的仍然是曲面 M,但是在看作曲面 $\widetilde{M}$ 时,认为 M 是若干层曲面重叠起来的,因此 $\widetilde{M}$ 仍是极小曲面,而且是完备的),且它在 Gauss 映射下的像与 M 是一致的(但要重复若干次). 适当地取 $\mathbf{R}^3$ 中的笛卡儿坐标系,使得 M 的 Gauss 映射不取球面上北极点的一个邻域内的值. 据第八章所述,M 共形等价于 $\mathbf{C}$ 内的单连通区域 D,g 是定义在 D 上的有界全纯函数. 我们只要证明 D 不能共形等价于单位圆盘.

用反证法. 假定 D 是单位圆盘 $\{w \in \mathbf{C}: |w| < 1\}$,$g$ 是 D 上的有界全纯函数,$|g| < B < +\infty$. 我们想要从这些假设导出一个矛盾.

根据极小曲面的 Weierstrass 表示公式(参看第六章),由于 g 没有极点,所以 f 也没有零点. 定义 D 上的全纯函数

$$w = F(\zeta) = \int_0^\zeta f(\zeta)\mathrm{d}\zeta, \ |\zeta| < 1, \quad (10.13)$$

则

$$w(0) = 0, \quad F'(\zeta) = f(\zeta) \neq 0,$$

所以 $F(\zeta)$ 在 $w = 0$ 的邻域内有定义好的全纯的反函数

$$\zeta = G(w), \quad G(0) = 0.$$

那么 $G(w)$ 在 $w = 0$ 的幂级数的收敛半径 R 是有限的;若不然,$G(w)$ 便成为在全平面上的全纯函数,而且 $G(w)$ 是

$$w = F(\zeta), \ |\zeta| < 1$$

的反函数,$|G(w)|<1$,故 G 是常数(Liouville 定理),这是不可能的. 因此,存在一点 w_0,

$$|w_0| = R,$$

使得函数 $G(w)$ 不能解析开拓到 w_0 的邻域上去,假定 $\tilde{\sigma}(t)$($0 \leqslant t < 1$)是联结 0 和 w_0 的半开直线段,

$$\sigma(t) = G \circ \tilde{\sigma}(t),$$

于是 $\sigma(t)$ 是 D 内的一条发散曲线. 实际上,如果

$$\lim_{t \to 1} \sigma(t) = \zeta_0 \in D,$$

于是

$$\lim_{t \to 1} F \circ \sigma(t) = F(\zeta_0) = \lim_{t \to 1} \tilde{\sigma}(t) = w_0,$$

且

$$F'(\zeta_0) = f(\zeta_0) \neq 0.$$

所以 F 给出了从 ζ_0 的一个邻域到 w_0 的一个邻域的全纯同胚,它的逆映射是定义在 w_0 的领域内的全纯函数,并且在趋向于 w_0 的点列上,它与 G 的值是一致的,因此它必定是 G 在 w_0 的邻域内的解析开拓,与假设矛盾.

现在,我们很容易估计发散曲线 $\sigma(t)$ 的长度:

$$L = \int_0^1 \frac{1}{2} |f \circ \sigma(t)| [1 + |g \circ \sigma(t)|^2] |\sigma'(t)| \, dt$$

$$\leqslant \frac{1 + B^2}{2} \int_0^1 |f \circ \sigma(t)| |\sigma'(t)| \, dt$$

$$= \int_0^1 |F' \circ \sigma| |\sigma'(t)| \, dt$$

$$= \int_0^1 |\tilde{\sigma}'(t)| \, \mathrm{d}t = R < \infty.$$

于是,这与 M 是完备曲面的假定是矛盾的.因此,M 只能共形等价于 $\mathbf{C}$,而 g 是 $\mathbf{C}$ 上的有界全纯函数,故 g 为常数,即 M 为平面.

在复分析中还有一个著名的 Picard 定理,它说:在全平面上定义的全纯函数如果取不到两个有限的复数值,则它必为常数.这是比 Liouville 定理强得多的一个极为深刻的定理.按这种思路,J. 尼伦伯格(J. Nirenberg)曾经提出过关于完备极小曲面的 Gauss 映射的值分布的第二个猜想:若 $\mathbf{R}^3$ 中一个完备极小曲面的 Gauss 映射不取单位球面上三个点的值,则它必为平面.

遗憾的是,这个猜想是不成立的.事实上,第七章中所描述的完备的 Scherk 极小曲面的 Gauss 映射 g 就不取下面四个值:$1, -1, \sqrt{-1}, -\sqrt{-1}$.一般地,任意指定单位球面上的 k 个点,$k \leqslant 4$,则在 $\mathbf{R}^3$ 中必有一个完备极小曲面,使得它的 Gauss 映射不取这 k 个点的值,实际上,设这 k 个点是 $\infty, w_1, \cdots, w_{k-1}$,则命

$$D = \mathbf{C} \backslash \{w_1, \cdots, w_{k-1}\}, \tag{10.14}$$

$$f(w) = \frac{1}{\prod\limits_{j=1}^{k-1}(w - w_j)}, \quad g(w) = w,$$

我们便得到所要的极小曲面.应该注意的是,当 $k \geqslant 5$

时,上面所构造的极小曲面不是完备的.

虽然如此,尼伦伯格的第二个猜想有力地推动着极小曲面关于 Bernstein 问题的研究,因为尼伦伯格的猜想提出了一个富有挑战性的问题:对于 $\mathbf{R}^3$ 中一个非平面的完备极小曲面,它的 Gauss 映射取不到的值至多有几个? 从奥瑟曼证明了前面的定理算起,差不多经过十五年,这个问题才有了突破性的进展. 在 1978 年,巴西数学家 F. 泽维尔(F. Xavier)证明了:在 $\mathbf{R}^3$ 中非平面的完备极小曲面的 Gauss 映射取不到的值不会多于 6 个.(据说,泽维尔原来只证明了这种曲面的 Gauss 映射不取的值不会多于 10 个,后来 E. 邦别里(E. Bombieri)在审稿中发现泽维尔的结果可改进到不会多于 6 个. 泽维尔的工作发表在 1981 年,参看 [22]). 这个出色的结果与已有的例子还有差距,因此有不少数学家尝试攻克这个难题. 最后,在 1987 年,日本数学家 H. 滕元(H. Fujimoto)终于获得了最佳结果(参看 [12]): $\mathbf{R}^3$ 中非平面的完备极小曲面的 Gauss 映射取不到的值至多是 4 个. 令人吃惊的是,Fujimoto 定理的证明实际上是前面的 Nirenberg-Osserman 定理的证明的改进,基本的思路是一样的,然而两个定理前后已相隔二十年了.

下面我们简要地叙述 Fujimoto 定理的证明. 假定 M 是 $\mathbf{R}^3$ 中的单连通完备极小曲面,它的 Gauss 映射不取单位球面上五个点的值,在适当的球极投影下,设这五个例外点

是 $a_0=\infty, a_1, a_2, a_3, a_4$. 如果 M 共形等价于 $\mathbf{C}$, 而 g 不取值 ∞, 所以 g 是 $\mathbf{C}$ 上的全纯函数, 且 g 又不取 $a_1, \cdots, a_4$ 的值. 根据 Picard 定理, g 为常数, 因而 M 是平面, 与假设矛盾. 如果 M 共形等价于单位圆盘 D, 我们同样要导出一个矛盾.

设 $\Delta = \mathbf{C} \backslash \{a_1, a_2, a_3, a_4\}$, 则 Δ 的万有覆盖曲面必是圆盘, 记作 $\tilde{\Delta}$. 设 $\tilde{\Delta}$ 上的 Poincaré 度量在 Δ 上诱导的双曲度量为 $\mathrm{d}s^2 = \lambda^2(z) |\mathrm{d}z|^2$. 对于 $\lambda(z)$, 当 z 趋于边界点 $\infty, a_1, \cdots, a_4$ 时的性状已有很好的了解 (这方面的研究属于复分析的几何理论), 已知对于 $0 < \varepsilon < 1, 0 < \varepsilon' < \dfrac{\varepsilon}{4}$, 在 Δ 上有

$$\frac{(1+|z|^2)^{\frac{3-\varepsilon}{2}}}{\lambda(z) \prod\limits_{j=1}^{4} |z-a_j|^{1-\varepsilon'}} \leqslant B < +\infty, \qquad (10.15)$$

利用这个估计及 Schwarz 引理可以进一步证明: 如果 $h(w)$ 是圆盘 $|w| < R$ 内的解析函数, 且 h 不取 a_1, a_2, a_3, a_4 这四个点的值, 设 $0 < \varepsilon < 1, 0 < \varepsilon' < \dfrac{\varepsilon}{4}$, 则有

$$\frac{(1+|h(w)|^2)^{\frac{3-\varepsilon}{2}}}{\prod\limits_{j=1}^{4} |h(w)-a_j|^{1-\varepsilon'}} \leqslant B \cdot \frac{2R}{R^2-|w|^2}. \qquad (10.16)$$

现在已假定 M 共形等价于单位圆盘 D, 我们要在 D 上定义一个全纯函数 ψ, 使得 $\psi(\zeta) \neq 0, \forall \zeta \in D$, 从而与 Nirenberg-Osserman 定理的证明相仿,可以定义变换

$$w = F(\zeta) = \int_0^\zeta \psi(\zeta)\mathrm{d}\zeta,$$

则

$$F'(\zeta)\neq 0.$$

前面所叙述的在 D 内寻找发散曲线 $\sigma(t)$ 的做法完全可以搬过来,区别在于函数 $\psi(\zeta)$ 是待定的,而不是取现成的函数 $f(\zeta)$,目标是使所找的发散曲线 $\sigma(t)$ 的长度有限,得到一个有悖于 M 的完备性假定的矛盾. 为此设 $\zeta=G(w)$ 是 $w=F(\zeta)$ 在 $w=0$ 附近的反函数,它在 $w=0$ 的幂级数收敛半径为 $R<+\infty$,并且 $G(w)$ 在 $w_0(|w_0|=R)$ 处不能作解析开拓,则我们设 $\tilde{\sigma}$ 是联结 $0,w_0$ 的直线段. 因为 W-因子 f 没有零点,于是可设 $\psi=f\cdot\varphi$,这样 $\sigma=G\circ\tilde{\sigma}$ 的长度为

$$L = \frac{1}{2}\int_\sigma |f|(1+|g|^2)|\mathrm{d}\zeta|$$

$$= \frac{1}{2}\int_{\tilde{\sigma}}(1+|g\circ G|^2)\frac{|\mathrm{d}w|}{|\varphi\circ G|}.$$

命 $h=g\circ G$. 为使上面的积分是收敛的,只要取 φ,使得

$$\frac{1+|h(w)|^2}{|\varphi\circ G(w)|} \leqslant \frac{G}{(R^2-|w|^2)^p},\ 0<p<1.$$

利用前面的估计式可知,φ 的一种取法是

$$\frac{1+|h(w)|^2}{|\varphi\circ G(w)|} = \left[\frac{(1+|h(w)|^2)^{\frac{3-\varepsilon}{2}}|h'(w)|}{\displaystyle\prod_{j=1}^4 |h(w)-a_j|^{1-\varepsilon'}}\right]^p.$$

$$(10.17)$$

命 $p = \dfrac{2}{3-\varepsilon} \left(显然, \dfrac{2}{3} < p < 1 \right)$, 则

$$|\varphi \circ G(w)| = \frac{\prod\limits_{j=1}^{4} |h(w) - a_j|^{p(1-\varepsilon')}}{|h'(w)|^p}.$$

注意到

$$\frac{\mathrm{d}w}{\mathrm{d}z} = \psi(z) = f(z) \cdot \varphi(z)$$

$$= f(z) \cdot \frac{\prod\limits_{j=1}^{4} (g(z) - a_j)^{p(1-\varepsilon')}}{[g'(z)]^p} \cdot \left(\frac{\mathrm{d}w}{\mathrm{d}z} \right)^p,$$

因此当 $g'(w) \neq 0$ 时, 可取

$$\psi(z) = [f(z)]^{\frac{1}{1-p}} \cdot \frac{\prod\limits_{j=1}^{4} [g(z) - a_j]^{\frac{p(1-\varepsilon')}{1-p}}}{[g'(z)]^{\frac{p}{1-p}}} \qquad (10.18)$$

最后还需证明在上面的假设下, 在 D 内不会有 $g'(w) = 0$.

至此, 最早以极小曲面唯一性定理的面貌出现的 Bernstein 定理已经发展成完备极小曲面的 Gauss 映射的值分布理论. 在这个课题方面还有不少难题待解决. 例如, 奥瑟曼证明: 如果非平面的完备极小曲面的全曲率是有限的, 则它的 Gauss 映射不取的值不会超过三个. 然而, 我们所知道的例子(如悬链面)的 Gauss 映射的例外值不超过两个. 目前还没有消除这两者之间的距离.

Bernstein 定理还有许多别的推广. 关于它在高维空间

中的推广也是极小超曲面理论中解决得比较彻底的一部分,我们在这里就不谈它了.注意到作为函数图像的极小曲面总是稳定的(关于稳定极小曲面的概念参看第五章),因此可以猜测:在 $\mathbf{R}^3$ 中一个完备的稳定极小曲面是否一定是平面? 这个猜测在 1980 年被我国数学家彭家贵及巴西数学家杜卡莫合作的一个结果证实了(参看[4]).美国数学家 D. 弗舍尔-科尔布里(D. Fisher-Colbrie)及 R. 舍恩(R. Schoen)在一个更大的框架内也给出了这个问题的答案(参看[10]).

十一 完备嵌入极小曲面的新例子

$\mathbf{R}^3$ 中完备极小曲面的拓扑类型是近年来极小曲面研究所关注的课题. 在本章我们简单地介绍这方面的有关结果.

对于 $\mathbf{R}^3$ 中的紧致曲面 M, 我们有著名的 Gauss-Bonnet 定理: 设 M 是 $\mathbf{R}^3$ 中的紧致曲面, 则

$$\int_M K * 1_M = 2\pi\chi(M), \qquad (11.1)$$

其中 K 是 M 的 Gauss 曲率, $* 1_M$ 是 M 的面积元素, $\chi(M)$ 是 M 的 Euler 示性数. 当 M 是非紧致曲面的情形, 有下面的 Cohn-Vossen 不等式: 如果 M 是 $\mathbf{R}^3$ 中的非紧完备曲面, 并且它的全曲率和 Euler 示性数都是有限的, 那么

$$\int_M K * 1_M \leqslant 2\pi\chi(M). \qquad (11.2)$$

我们把 Euler 示性数 $\chi(M)$ 有限的曲面称为具有有限拓扑

型的曲面.

若 $\mathbf{R}^3$ 中极小曲面 M 的 Weierstrass 因子是 $f(w)$，$g(w)$，$w \in D$，在第六章中已给出 M 的 Gauss 曲率是

$$K = -\left[\frac{4|g'|}{|f|(1+|g|^2)^2}\right]^2,$$

面积元素为

$$*1_M = \frac{1}{4}|f|^2(1+|g|^2)^2 \mathrm{d}u\mathrm{d}v,$$

全曲率为

$$\int_M K * 1_M = -\int_D \left[\frac{2|g'|}{1+|g|^2}\right]^2 \mathrm{d}u\mathrm{d}v.$$

当单位球面在以北极点为中心的球极投影下映为 $\mathbf{C} \cup \{\infty\}$ 时，单位球面上的黎曼度量成为共形度量

$$\frac{4(\mathrm{d}u^2 + \mathrm{d}v^2)}{[1+(u^2+v^2)]^2},$$

其面积元素为

$$\left(\frac{2}{1+u^2+v^2}\right)^2 \mathrm{d}u\mathrm{d}v.$$

由此可见，积分 $\int_M K * 1_M$ 恰好是区域 D 在映射 g 作用下的像的面积的负值（计映射 g 的覆盖重数）. 当然，这本来是 Gauss 曲率 K 的一种几何意义（参看第四章），这里只是再次肯定了这种意义而已.

观察第七章中所给出的极小曲面的经典例子，不难

看到:

悬链面是嵌入在 $\mathbf{R}^3$ 中的完备曲面,全曲率为 -4π,其 Gauss 映射覆盖去掉南、北极的单位球面恰好一次;

正螺旋面是嵌入在 $\mathbf{R}^3$ 中的单连通完备曲面,其 Gauss 映射覆盖去掉南、北极的单位球面无穷多次,全曲率是无限的;

Enneper 极小曲面是浸入在 $\mathbf{R}^3$ 中的完备极小曲面,其 Gauss 映射覆盖去掉北极的单位球面一次,故它的全曲率为 -4π;

定义在单位圆盘 D 上的 Scherk 极小曲面是单连通的嵌入曲面,但它不是完备的. 延拓以后的完备的 Scherk 极小曲面有无限的连通度,覆盖了去掉四个点的单位球面无限多次,所以它的全曲率是无限的.

奥瑟曼在 1964 年给出了 $\mathbf{R}^3$ 中全曲率有限的完备极小曲面拓扑类型的基本定理,它是研究拓扑型有限的极小曲面的基础,叙述为:如果 M 是 $\mathbf{R}^3$ 中的完备极小曲面,并且它有有限的全曲率,则 M 共形等价于除去有限多个点的紧致黎曼曲面 $\widetilde{M}$,即

$$M \simeq \widetilde{M} \backslash \{p_1, p_2, \cdots, p_r\},$$

而且定义在 M 上的 Gauss 映射(W-因子)g 可以延拓为定义在 $\widetilde{M}$ 上的亚纯函数. 此外,奥瑟曼还证明了:M 的全曲率满足不等式

$$\int_M K * 1_M \leqslant 4\pi(1 - \rho - r) = 2\pi[\chi(\widetilde{M}) - 2r],$$

$$(11.3)$$

其中 ρ 是紧致黎曼曲面 $\widetilde{M}$ 的亏格(参看[3]).

注意到 $\chi(M) = \chi(\widetilde{M}) - r$, 所以最后的不等式成为

$$\int_M K * 1_M \leqslant 2\pi[\chi(M) - r], \qquad (11.4)$$

故式(11.4)是 Cohn-Vossen 不等式(11.2)在极小曲面情形的改进.

对每一个 $j, 1 \leqslant j \leqslant r$, 设 E_j 是 $\widetilde{M}$ 上以 p_j 为中心的、半径充分小的去心圆盘(以 p_j 为中心的圆盘去掉 p_j 自身)在 $\mathbf{R}^3$ 中的像, 称为极小曲面 M 的第 j 个末端. 根据奥瑟曼的结构定理, 紧致黎曼面 $\widetilde{M}$ 的亏格 ρ 以及 M 的末端的个数 r 是决定 M 的拓扑类型的参数, 通常就称 M 是亏格为 ρ、末端个数为 r 的完备极小曲面. 用这个术语, $\mathbf{R}^3$ 中的平面就是亏格为 0、末端个数为 1 的极小曲面; 悬链面为亏格是 0、末端个数为 2 的极小曲面; Enneper 极小曲面的亏格为 0、末端个数为 1, 但是这个末端本身不是在 $\mathbf{R}^3$ 中的嵌入(该末端有自交现象).

L. P. M. 乔治(L. P. M. Jorge)和 W. H. 米克斯(W. H. Meeks)提出一种描述末端的渐近性质的方法: 设 E 是完备极小曲面 M 的一个末端. 用 $\mathbf{R}^3$ 中以原点为中心、以 t 为半径的球面 $S^2(t)$ 去截末端 E. 当 t 充分大时, 交集 $S^2(t) \bigcap E$

是一条封闭曲线. 然后, 在 $\mathbf{R}^3$ 中以 $\dfrac{1}{t}$ 为相似系数的中心相似变换下, 得到单位球面 $S^2(1)$ 上的一条曲线 $\dfrac{1}{t}[S^2(t) \bigcap E]$. 乔治和米克斯证明了(参看[14]): 当 $t \rightarrow \infty$ 时, 曲线 $\dfrac{1}{t}[S^2(t) \bigcap E]$ 光滑地收敛为 $S^2(1)$ 上的一条闭测地线, 它是 $S^2(1)$ 中的一条大圆的覆盖. 他们还证明: 如果 M 是 $\mathbf{R}^3$ 中亏格为 ρ, 末端个数为 r 的有限全曲率的完备极小曲面, 并且设对于每一个末端 $E_j(1 \leqslant j \leqslant r)$, 曲线 $\lim\limits_{t \rightarrow \infty} \dfrac{1}{t}[S^2(t) \bigcap E_j]$ 覆盖大圆弧的次数是 d_j, 那么 M 的全曲率是

$$\int_M K * 1_M = 4\pi\Big(1 - \rho - \sum_{j=1}^{r} d_j\Big)$$

$$= 2\pi\Big[\chi(\widetilde{M}) - 2\sum_{j=1}^{r} d_j\Big]$$

$$= 2\pi\Big[\chi(M) - r - 2\sum_{j=1}^{r}(d_j - 1)\Big]. \quad (11.5)$$

很明显, 末端 E_j 是在 $\mathbf{R}^3$ 中的嵌入的条件是 $d_j = 1$. 显然, Enneper 极小曲面不满足这个条件; 因为对于 Enneper 极小曲面而言, $\rho = 0, r = 1$, 而全曲率是 $\int_M K * 1_M = -4\pi$, 由前面的公式得知 $d_1 = 2$, 所以它的末端不是在 $\mathbf{R}^3$ 中的嵌入(参看第七章).

由此可见, 如果全曲率有限的完备极小曲面的每一个

末端都是在 $\mathbf{R}^3$ 中的嵌入,特别是极小曲面本身是 $\mathbf{R}^3$ 中的
嵌入曲面时,它的全曲率必须是

$$\int_M K * 1_M = 2\pi(\chi(\widetilde{M}) - 2r)$$

$$= 2\pi(\chi(M) - r). \qquad (11.6)$$

另外,乔治和米克斯还证明了:如果 M 是嵌入在 $\mathbf{R}^3$ 中
的全曲率有限的完备极小曲面,设 $M \simeq \widetilde{M} - \{p_1, p_2, \cdots,$
$p_r\}$,其中 $\widetilde{M}$ 是紧致黎曼面,则在 $\mathbf{R}^3$ 中适当选取笛卡儿坐
标系之后,可以延拓在 $\widetilde{M}$ 上的 Gauss 映射 $g: \widetilde{M} \to \mathbf{C} \cup \{\infty\}$
在点 $p_j (1 \leqslant j \leqslant r)$ 上的值是 0 或 ∞,并且其中 g 取 0 值的点
的个数与 g 取 ∞ 值的点的个数相差不超过 1. 上面的结论
意味着曲面在每一个末端上的法向量都趋向于互相平行,
简称为这些末端都是互相平行的. 此外,互相平行的向量可
以有两种指向,用 k_+, k_- 分别记指向相同的末端的个数,则
上面的断言说

$$|k_+ - k_-| \leqslant 1. \qquad (11.7)$$

另外,$k_+ + k_- = r$. 所以当 r 为偶数时,

$$k_+ = k_-,$$

当 r 为奇数时,

$$|k_+ - k_-| = 1.$$

从极小曲面的概念产生以来直到 1985 年为止的二百
多年间,人们所能举出的 $\mathbf{R}^3$ 中拓扑型有限的完备嵌入极小

曲面只有平面、悬链面和正螺旋面. 长期困扰着几何学家的一个问题是：除了这三种曲面外还有没有别的有限拓扑型的完备嵌入极小曲面？普遍的猜测是没有了，但这是一个既不能肯定、又不能否定的悬案. 与这个问题有关的一些进展如下：舍恩证明在 $\mathbf{R}^3$ 中有两个末端的完备嵌入极小曲面只有悬链面，而且不必预先假定曲面的亏格是多少. 乔治和米克斯证明对于 $\mathbf{R}^3$ 中亏格为 0 的完备极小曲面，当末端个数是 3、4、5 时，它不可能是嵌入曲面. 这些结果都是朝该问题的否定答案的方向做的努力，同时勾画出进一步寻找这类曲面的范围. 比如完备嵌入极小曲面有可能在亏格 $\geqslant 1$，末端数 $\geqslant 3$ 的曲面中找到.

在 1985 年，这个问题有了突破性进展，这个进展的本身表明计算机技术在纯粹数学的研究中也起着不可缺少的作用. 1982 年，巴西数学家 C. 科斯塔（C. Costa）在他的博士论文中利用 Weierstrass 公式构造了一个浸入在 $\mathbf{R}^3$ 中的完备极小曲面的新例子，这个极小曲面的亏格是 1，有三个末端，而且每一个末端是在 $\mathbf{R}^3$ 中的嵌入，因而它的全曲率是 -12π. 这样，科斯塔的例子正好落在前面所划定的寻找完备嵌入极小曲面的范围之内. D. 霍夫曼（D. Hoffman）希望这个曲面恰好是嵌入在 $\mathbf{R}^3$ 中的曲面. 他们经过对科斯塔的例子的仔细分析之后发现这个曲面有两个末端像悬链面，有一个末端像平面，都是从某个中心部位向外延伸的.

但是根据科斯塔给出的曲面方程很难能看出在中心部位究竟发生了什么？此时，计算机绘图在这里起了十分关键的作用. 在没有计算机的时候，要绘制精确的曲面立体图几乎是做不到的；然而计算机的高速计算能力使得绘制精确的立体图成为可能，并且通过坐标轴的旋转使我们能够在计算机显示屏幕上从各个不同的角度去观察曲面的形状.

科斯塔在构造他的新例子时使用了定义在单位正方形上的 Weierstrass 椭圆 $\mathscr{P}_-$ 函数. 霍夫曼和米克斯计算了曲面的坐标数值，然后利用霍夫曼所发展的、称为 VPL 的图形系统画出了 Costa 曲面在核心部位的图形. 如果从图形上能看到曲面有自交现象，则这个曲面就不可能是嵌入曲面；如果从各个角度都看不到曲面有自交现象，则该曲面有可能是嵌入，从而启示我们从数学上去严格证明该曲面是嵌入曲面.

首先画出的曲面片断表明该曲面没有自交点，而且发现该曲面有相当丰富的对称性. 但是如何从曲面的片断想象出整个曲面的形状却颇费脑筋. 霍夫曼面对着计算机画出的图形足足思考了好几天，终于想象出 Costa 曲面的形状，它是由八块形状相同的曲面片拼接而成的，每一片曲面可以看成一个函数的图像，曲面中包含了一对彼此交成直角的直线 $x_1 \pm x_2 = 0, x_3 = 0$（图 11.1）.

这些从图形上获得的启发为分析曲面的方程提供了十

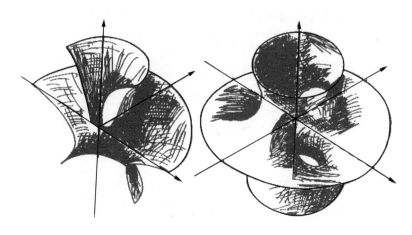

图 11.1   Costa 曲面

分宝贵的线索.最后,霍卡曼和米克斯合作,从数学上严格地证明了 Costa 曲面确实是有限拓扑型的完备嵌入极小曲面,从正面回答了前面所述的长期未解决的问题.科斯塔、霍夫曼和米克斯的工作给出了二百多年来一直在寻找的嵌入极小曲面的第一个新例子.紧接着,霍夫曼和米克斯构造出一系列完备的嵌入极小曲面,特别是对于每一个亏格≥1,都存在完备的嵌入极小曲面.他们的方法还能推广到末端数≥3 的情形.

在这里要简明地重述霍夫曼和米克斯关于 Costa 极小曲面的嵌入性质的证明既不可能,也没有必要,读者可以去读他们的论文[13].我们只对 Costa 曲面的定义及形状作一些描述.

考虑复平面 $\mathbf{C}$ 上由 1 和 $\sqrt{-1}$ 生成的格 L,命 $T^2 =$

$C\backslash L$. 关于格 L 的 Weierstrass 椭圆 $\mathscr{P}_-$ 函数是

$$P(z) = \frac{1}{z^2} + \sum_{\omega \in L-\{0\}} \left[\frac{1}{(z-\omega)^2} - \frac{1}{\omega^2} \right], \quad (11.8)$$

它和它的导数 $P'(z)$ 都是双周期椭圆函数. 设 p_0, p_1, p_2 是 T^2 中对应于 $\omega_0 = 0, \omega_1 = \dfrac{1}{2}, \omega_2 = \dfrac{\sqrt{-1}}{2}$ 的点, $a = 2\sqrt{2\pi} P\left(\dfrac{1}{2}\right), D = T^2 - \{p_0, p_1, p_2\}$. 命

$$f(z) = P(z), \quad g(z) = \frac{a}{P'(z)}, \quad (11.9)$$

则对应的被积表达式是

$$\begin{cases} \varphi_1 = \dfrac{P}{2}\left(1 - \dfrac{a^2}{P'^2}\right), \\[2mm] \varphi_2 = \dfrac{\sqrt{-1}\,P}{2}\left(1 + \dfrac{a^2}{P'^2}\right), \\[2mm] \varphi_3 = \dfrac{aP}{P'}, \end{cases} \quad (11.10)$$

它们是 D 上没有实周期的全纯函数, 而且在 $\omega_0, \omega_1, \omega_2$ 至少是阶数 $\geqslant 2$ 的极点. 这样,

$$\boldsymbol{X} = \left(\mathrm{Re} \int_{\omega_3}^{z} \varphi_1 \, \mathrm{d}z, \mathrm{Re} \int_{\omega_3}^{z} \varphi_2 \, \mathrm{d}z, \mathrm{Re} \int_{\omega_3}^{z} \varphi_3 \, \mathrm{d}z \right)$$

给出 D 在 $\mathbf{R}^3$ 中的浸入, 它是完备的极小曲面, 记为 M. 这里

$$\omega_3 = \frac{1}{2}(1 + \sqrt{-1}).$$

因为 $P'(z)$ 以格点为其 3 阶极点,所以 $g = \dfrac{a}{P'(z)}$ 覆盖了扩充复平面三次,因而该曲面的全曲率是 -12π. 根据前面的公式 (11.5),得知 $d_j = 1(j = 0, 1, 2)$,所以每一个末端都是在 $\mathbf{R}^3$ 中的嵌入. 此外,$g(\omega_0) = \infty$,$g(\omega_1) = g(\omega_2) = 0$,末端是互相平行的. 计算出第 3 个坐标函数是

$$x_3(z) = \frac{\tilde{a}}{8} \ln \left| \frac{P(z) - e_1}{P(z) + e_1} \right|, \qquad (11.11)$$

其中 $e_1 = P(\omega_1) = -P(\omega_2)$,$\tilde{a} = a/e_1$. 所以当 $z \to \omega_1$ 时,$x_3(z) \to -\infty$;当 $z \to \omega_2$ 时,$x_3(z) \to +\infty$;而当 $z \to \omega_0 = 0$ 时,$x_3(z) \to 0$,末端 E_0 渐近地趋于平面 $x_3 = 0$. 由此可见,在充分大的紧致集 $A \subset D$ 之外,映射 $\mathbf{X}$ 是嵌入.

将单位方格用对角线及水平线、铅垂线分成八个全等的三角形,方格的中心是 $\omega_3 = \dfrac{1}{2} + \dfrac{\sqrt{-1}}{2}$. 我们用 ρ 表示围绕 ω_3 的正向 $\dfrac{\pi}{2}$-旋转,用 β 表示关于水平线 $\overline{\omega_2, \omega_2 + 1}$ 的对称,则 ρ 和 β 生成八个元素组成的有限群,它在单位方格上的作用把其中任意一个三角形变到其他七个三角形(图 11.2).

函数 $P(z)$ 有如下的对称性:设 z 是单位方格中的任意一点,则

$$P(\rho(z)) = -P(z),$$

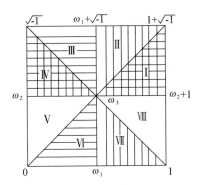

图 11.2 函数 $P(z)$ 的对称性

$$P(\beta(z)) = \overline{P(z)}. \tag{11.12}$$

通过表达式(11.10),变换 ρ,β(作用在单位方格上)分别对应于 $\mathbf{R}^3$ 中的正交变换 R,B 在极小曲面 M 上的作用,其中 R 是绕 x_3 轴的 $\frac{\pi}{2}$-旋转与关于 (x_1,x_2)-平面的反射所合成的变换,B 是关于 (x_1,x_3)-平面的反射,用矩阵表示,R,B 作为 $\mathbf{R}^3$ 中的正交变换,分别对应于矩阵

$$\mathbf{R} = \begin{pmatrix} 0 & -1 & 0 \\ 1 & 0 & 0 \\ 0 & 0 & -1 \end{pmatrix}, \quad \mathbf{B} = \begin{pmatrix} 1 & 0 & 0 \\ 0 & -1 & 0 \\ 0 & 0 & 1 \end{pmatrix}.$$

那么 ρ,β 与 R,B 之间的关系是

$$\mathbf{X} \circ \rho = \mathbf{R} \circ \mathbf{X}, \quad \mathbf{X} \circ \beta = \mathbf{B} \circ \mathbf{X}. \tag{11.13}$$

注意到正交变换 R,B 也生成一个作用在 $\mathbf{R}^3$ 上的由八个元素组成的有限正交变换群,它把其中任意一个卦限变为其

他七个卦限,而式(11.13)表明 Costa 极小曲面在这个变换的作用下是不变的,即 Costa 极小曲面关于 (x_1, x_3)-平面是对称的,并且将它绕 x_3-轴旋转 $90°$ 恰好是它关于 (x_1, x_2)-平面的反射像.因此,Costa 极小曲面 M 是由落在八个卦限内的八个全等的曲面片组成的,这八个曲面片在正交变换 R、B 的作用下彼此合同,即 Costa 曲面有 8-元素群作为它的对称群.霍夫曼和米克斯证明 Costa 曲面是嵌入曲面的关键一步是证明其中的一个曲面片实际上是一张图(某个函数的图像);比如 Costa 曲面落在(＋,＋,＋)-卦限内的部分是 (x_2, x_3)-平面上的一张图,即这个曲面片到 (x_2, x_3)-平面上的投影是单一的.当然,弄清楚 Costa 曲面的形状,特别是它的对称性是非常重要的一步,计算机显示曲面立体图在这里是帮了大忙的.

计算机技术在纯数学研究中的成功大大地促进了计算机技术在数学研究中的推广应用.目前在常平均曲率曲面的研究以及曲面的变形理论中都广泛地运用了计算机图像功能.

霍夫曼和米克斯构造的新例子为进一步研究这类新例子的性质开辟了广阔的研究前景.

结 束 语

    这本小册子写到这里就结束了.我们从肥皂膜实验着手,追溯到欧拉、拉格朗日最早关于面积最小的曲面的研究,随后按照极小曲面理论的发展进程,简要地介绍了极小曲面的概念、基本课题及其进展.由于这是一本科普性的小册子,更因为笔者水平的限制,我们不可能在这里对于极小曲面理论展开充分的讨论.但是,我们相信读者通过本书,对于极小曲面问题及其发展状况的轮廓会有一定的了解.极小曲面课题经过两百多年的发展仍富有生命力,而且成为微分几何学灿烂的一章,其原因就在于它是自然界客观存在的模型的抽象,并且它与许多数学分支,如拓扑学、复分析、偏微分方程、变分法、计算机技术等紧密相关,它不仅从这些学科的发展中汲取营养,而且向许多数学分支提出许多富有挑战性的问题,推动了它们的发展.极小曲面课题的生命力就在于这种交互影响和不断的运动、发展过程之中.我们希望本书对于读者,特别是青年读者有些帮助.

参考文献

这里所列的只是本书在写作过程中所参考或直接引用的文献.由于极小曲面和极小子流形研究源远流长,文献丰硕,读者可查[3],[15],[16]所附的文献目录,及阅读 J.C. C. Nitsche 的 *Lectures on Minimal Surfaces*（Cambridge University Press,1989）,这是一本百科全书式的专著,是极小曲面理论的最详尽的介绍.

[1]ALMGREN F J Jr.. Plateau problem[M]. New York: Benjamin Inc. , 1966.

[2]BARBOSA J L M,DO CARMO M. On the size of a stable minimal surfaces in $\mathbf{R}^3$ [J]. Amer. J. Math. , 1976,98: 515-528.

[3]BARBOSA J L M,COLARES A G. Minimal surfaces in $\mathbf{R}^3$ [J]. Lecture Notes in Math. ,vol. 1195. New

York：Springer-Verlag,1986.

[4]DO CARMO M,PENG C K. Stable complete minimal surfaces in $\mathbf{R}^3$ are plane[J]. Bull. AMS, 1979, 1：903-906.

[5]CHERN S S . An elementary proof of the existence of isothermal parameters on a surface[J]. Proe. AMS, 1955,6：771-782 (可参考 Chern S S . Selected Papers, vol. Ⅱ).

[6]CHERN S S. Minimal submanifolds in a riemannian manifold (mimeographed)[J]. University of Kansas, Lawrence,1968 (可参看 S. S. Chern. Selected Papers, vol. Ⅳ).

[7]COURANT R. Dirichlet's principle，conformal mapping，and minimal surfaces[M]. New York：Interscience, 1950.

[8]COURANT R. Soap film experiments with minimal surfaces[J]. Amer. Math. Monthly, 1940,47.

[9]FEDERER H. Geometric measure theory[M]. New York：Springer-Verlag, 1969.

[10]FISHER-COLBRIE D, SCHOEN R. The structure of complete stable minimal surfaces in 3-manifold of

non-negative scalar curvature. Comm[J]. Pure Appl. Math. , 1980,33:199-211.

[11]FOMENKO A T. The plateau problem, part I . [M] Amsterdam:Gorden and Breach, 1990.

[12]FUJIMOTO H. On the number of exceptional values of the Gauss maps of minimal surfaces[J]. J. Math. Soc. Japan,1988,40（2）: 235-247.

[13]HOFFMAN D,MEEKS W H Ⅲ . A complete embedded minimal surface in $\mathbf{R}^3$ with genus one and three ends[J]. J. of Dill. Geom, 1985,21: 109-127.

[14]JORGE L P M, MEEKS W H Ⅲ. The topology of complete minimal surfaces of finite total curvature [J]. Topology, 1983,22: 203-221.

[15]LAWSON H B Jr.. Lectures on minimal surfaces [M]. Berkeley:Publish or Perish, 1980.

[16]OSSERMAN R. A survey of minimal surfaces[M]. New York:Dover Pub. ,Inc. , 1986.

[17]PENG C K. Some new examples of minimal surfaces in $\mathbf{R}^3$ and its applications. MSRI,07510-85.

[18]PETERSON I. Three bites in a doughnut, computer-generated pictures contribute to the discovery of a

new minimal surface[J]. Science News，1985，127
(11)：168-169.

[19]PLATEAU J. Statique experimentale et theoretique
des Liquides[M]. Paris：Gathier-Villars，1873.

[20] RADO T. On the problem of plateau[M]. New
York：Springer-Verlag，1933.

[21]STRUWE M. Plateau's problem and the calculus of
variations[M]. Princeton Univ. Press，1988.

[22]XAVIER F. The Gauss maps of a complete non-flat
minimal surface cannot omit 7 points on the sphere
[J]. Ann. of Math. ，1981，113：211-214.

[23]XIAO L. Some results on pseudo-embedded minimal
surfaces in $\mathbf{R}^3$ [J]. Acta Math. Sinica，1984，3：
116-120.

[24]阿尔福斯 L V.复分析[M].上海：上海科学技术出版
社,1984.

[25]陈维桓. 微分几何初步[M]. 北京：北京大学出版
社,1990.

[26]陈维桓,夏仁龙,赵国松.关于 $\mathbf{R}^3$ 中稳定极小曲面的一
个注记[J].北京大学学报,1987(1)：12-15.

[27]陈维桓,李兴校.黎曼几何引论,上册[M]. 北京：北京

大学出版社,2002.

[28] CHEN Weihuan. Characterization of self-conjugate minimal surfaces in $\mathbf{R}^3$ [J] . Chinese J. Contemp. Math. ,1995,16:359-371.

[29]CHEN Weihuan,FANG Yi . Self θ-congruent minimal surtaces in $\mathbf{R}^3$ [J]. J. Austral. Math. Soc. ,Series A, 2000,69:299-244.

数学高端科普出版书目

数学家思想文库

书　名	作　者
创造自主的数学研究	华罗庚著;李文林编订
做好的数学	陈省身著;张奠宙、王善平编
埃尔朗根纲领——关于现代几何学研究的比较考察	[德]F.克莱因著;何绍庚,郭书春译
我是怎么成为数学家的	[俄]柯尔莫戈洛夫著;姚芳,刘岩瑜,吴帆编译
诗魂数学家的沉思——赫尔曼·外尔论数学文化	[德]赫尔曼·外尔著;袁向东等编译
数学问题——希尔伯特在1900年国际数学家大会上的演讲	[德]D.希尔伯特著;李文林,袁向东编译
数学在科学和社会中的作用	[美]冯·诺伊曼著;程钊,王丽霞,杨静编译
一个数学家的辩白	[英]G.H.哈代著;李文林,戴宗铎,高嵘编译
数学的统一性——阿蒂亚的数学观	[英]M.F.阿蒂亚著;袁向东等编译
数学的建筑	[法]布尔巴基著;胡作玄编译

数学科学文化理念传播丛书·第一辑

书　名	作　者
数学的本性	[美]莫里兹编著;朱剑英编译
无穷的玩艺——数学的探索与旅行	[匈]罗兹·佩特著;朱梧槚,袁相碗,郑毓信译
康托尔的无穷的数学和哲学	[美]周·道本著;郑毓信,刘晓力编译
数学领域中的发明心理学	[法]阿达玛著;陈植荫,肖奚安译
混沌与均衡纵横谈	梁美灵,王则柯著
数学方法溯源	欧阳绛著

书　名	作　者
数学中的美学方法	徐本顺,殷启正著
中国古代数学思想	孙宏安著
数学证明是怎样的一项数学活动？	萧文强著
数学中的矛盾转换法	徐利治,郑毓信著
数学与智力游戏	倪进,朱明书著
化归与归纳·类比·联想	史久一,朱梧槚著

数学科学文化理念传播丛书·第二辑

书　名	作　者
数学与教育	丁石孙,张祖贵著
数学与文化	齐民友著
数学与思维	徐利治,王前著
数学与经济	史树中著
数学与创造	张楚廷著
数学与哲学	张景中著
数学与社会	胡作玄著

走向数学丛书

书　名	作　者
有限域及其应用	冯克勤,廖群英著
凸性	史树中著
同伦方法纵横谈	王则柯著
绳圈的数学	姜伯驹著
拉姆塞理论——入门和故事	李乔,李雨生著
复数、复函数及其应用	张顺燕著
数学模型选谈	华罗庚,王元著
极小曲面	陈维桓著
波利亚计数定理	萧文强著
椭圆曲线	颜松远著